JN003197

コレなら解ける！無線工学の計算問題

第一級アマチュア無線技士国家試験

計算問題突破塾

第2集

こうすれば難しい計算問題もスラスラ解ける！！

吉村和昭　著

$$t = \frac{\phi}{2\pi f}$$

$$\frac{\lambda}{2\pi} f_M = f_c \sec\theta$$

$$Z_0 = \frac{L}{CR} \quad \frac{10\times(1+j)}{1-j^2}$$

$$\frac{60-j60}{1-j} \quad \log_{10} x$$

東京電機大学出版局

はじめに

我が国における2018年度末のアマチュア無線技士無線従事者免許証の所有者は約349万人で，そのうち第一級アマチュア無線技士（一アマ）免許証の所有者は約3.3万人だけで，全体の1%未満に過ぎません．2018年度の一アマ国家試験の申請者数は2,177名，受験者数が1,585名で合格者数670名，合格率は約42.3%で，厳しい試験であることは事実です．

一アマ国家試験の科目は「無線工学」と「法規」の2科目で，多くの問題は過去問題からの出題です．無線工学で出題されている全30問のうち，計算問題が7～8問出題されています．計算問題は一見難しい印象がありますが，与えられた数値が異なる場合があるものの基本的にはほとんどが過去問題からの出題です．したがって，一度理解してしまえば，文章問題に比べて覚える内容も少なく，得意分野とすることも可能だと思います．しかも，確実に得点できます．

一度泳げるようになれば何年も泳いでいなくても泳げますし，一度自転車に乗れるようになれば何年も自転車に乗っていなくても乗ることができます．計算問題も水泳や自転車と似たところがあり，同じ問題について数回，自分で手を動かして計算して理解を深めておくと，ただ単に記憶した知識と違い，頭の中に長く残るのではないでしょうか．

筆者はここ9年間，（株）QCQ企画主催の一アマ国家試験直前対策講習会の無線工学講師を担当しています．その講習会で質問を受けた内容は大変貴重なものが多く，それらも念頭において，本書を執筆しました．

本書が，皆様の一アマ国家試験の受験の参考になれば幸いです．

2020年5月

筆者しるす

CONTENTS

本書の使い方

一アマ国家試験　無線工学の計算問題は，かなり計算が複雑なものを含めて，7〜8問出題されますが，計算問題を解く上で大切なことは，その問題の正答を得るためには，どんなことが「ヒント」になっていてどの「公式」を使えば解くことができるかを知ることです．

そこで，本書では第1部として過去に出題された国家試験の計算問題を収録しており，問題ごとに「問題を解くヒント！」と「使う公式」を紹介しています．これらを踏まえて「一般的な解き方！」よりその問題の解法を身に付けてください．問題によってはもっと簡単に解くことができる「簡易な解き方！」の紹介やその問題に関連した「参考」も紹介しています．

また，問題を解くためのポイントなどは所々に登場するマスコットキャラクターが教えてくれますので，楽しく学習することができます．

次に，第2部として一アマに必要な公式集を紹介しています．本書に収録している問題以外にも一アマを目指す上でぜひ知っておきたい公式も紹介していますので，併せて学習することをお勧めします．また，意外に忘れがちな「計算法則」や「分数計算」などの数学の基礎も紹介しています．

計算問題の学習は何度も繰り返して解法を身に付けることが肝要ですので，本書を活用し，繰り返し問題にチャレンジしてください．

受験の手引き

実施時期　毎年4月，8月，12月

申請時期　4月の試験は，2月1日から2月20日まで
8月の試験は，6月1日から6月20日まで
12月の試験は，10月1日から10月20日まで

申請方法　（公財）日本無線協会（以下，「協会」といいます．）のホームページ（https://www.nichimu.or.jp/）からインターネットを利用してパソコンやスマートフォンを使って申請します．

申請時に提出する写真　デジタルカメラなどで撮影した顔写真を試験申請に際してアップロード（登録）します．受験の際には，顔写真の持参は不要です．

インターネットによる申請　インターネットを利用して申請手続きを行うときの流れを次に示します．

① 協会のホームページから「無線従事者国家試験等申請・受付システム」にアクセスします．

② 「個人情報の取り扱いについて」をよく確認し，同意される場合は，「同意する」チェックボックスを選択の上，「申請開始」へ進みます．

③ 初めての申請またはユーザ未登録の申請者の場合，「申請開始」をクリックし，画面にしたがって試験申請情報を入力し，顔写真をアップロードします．

④ 「整理番号の確認・試験手数料の支払い手続き」画面が表示されるので，試験手数料の支払方法をコンビニエンスストア，ペイジー（金融機関ATMやインターネットバンキング）またはクレジットカードから選択します．

⑤ 「お支払いの手続き」画面の指示にしたがって，試験手数料を支払います．

支払期限日までに試験手数料の支払を済ませておかないと，申請の受付が完了しないので注意してください．

受験票の送付　受験票は試験期日のおよそ2週間前に電子メールにより送付されます．

試験当日の注意　電子メールにより送付された受験票を自身で印刷（A4サイズ）して試験会場へ持参します．試験開始時刻の15分前までに試験場に入場します．受験票の注意をよく読んで受験してください．

試験結果の通知　試験会場で知らされる試験結果の発表日以降になると，協会の結果発表のホームページで試験結果を確認することができます．また，試験結果通知書も結果発表のホームページでダウンロードすることができます．

最新の国家試験問題　最近行われた国家試験問題と解答（直近の過去3回分）は，協会のホームページからダウンロードすることができます．試験の実施前に，前回出題された試験問題をチェックすることができます．また，受験した国家試験問題は持ち帰れますので，試験終了後に発表されるホームページの解答によって，自己採点して合否をあらかじめ確認することができます．

第一級アマチュア無線技士

こうすればむずかしい計算問題も
スラスラ解ける！！

コレなら解ける！無線工学の計算問題

第1部
計算問題を解く

$$f_M = f_c \sec\theta \quad t = \frac{\phi}{2\pi f}$$

$$\frac{10\times(1+j)}{1-j^2} \quad \log_{10}x$$

$$Z_0 = \frac{L}{CR} \quad \frac{60-j60}{1-j}$$

1 電気物理の計算問題を解く

例題－1　2点電荷による電界の強さが零になる電荷を求める問題

図に示すように，点A及びBに電荷が置かれ，電界の強さが零になる点Pの位置が点AとBを結ぶ直線上で，Bの右2〔m〕であるとき，点Bの電荷の値として正しいものを下の番号から選べ．ただし，点Aの電荷は＋9〔C〕，AB間の距離は1〔m〕とする．

1　4〔C〕
2　6〔C〕
3　−2〔C〕
4　−4〔C〕
5　−6〔C〕

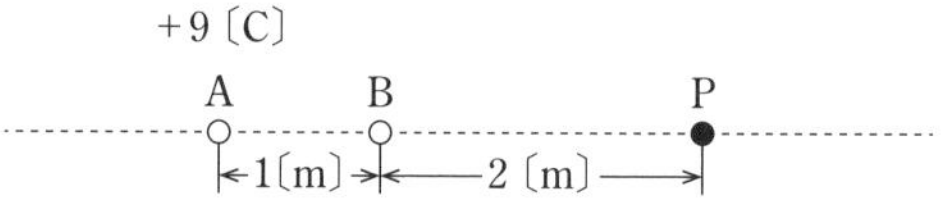

問題を解くヒント！

(1) 電荷には，プラス（+）の電荷とマイナス（−）の電荷があり，異種の電荷には引力，同種の電荷には斥力（反発力）が働く．
(2) 電界の強さを求めるには，求める点に単位正電荷（+1〔C〕）を置いたときのクーロン力を計算すればよい．電界の強さの単位は〔V/m〕である．

電荷のプラス，マイナスは電界の方向を決めるよ．

使う公式

電荷Q_1〔C〕と電荷Q_2〔C〕が距離r〔m〕離れたところにあるとすると，力F〔N〕が働き，その大きさは電荷の積に比例し，距離の2乗に反比例する．これを「クーロンの法則」といい，次式で表される．

電荷Qの単位〔C〕は「クーロン」，力Fの単位〔N〕は「ニュートン」と読むよ．

$$F = k\frac{Q_1 Q_2}{r^2}\ 〔\mathrm{N}〕 \qquad \cdots\cdots ①$$

ただし，k は定数で，真空中では $k = \dfrac{1}{4\pi\varepsilon_0} = 9\times10^9$〔$\mathrm{N}\cdot\mathrm{m}^2/\mathrm{C}^2$〕となる．$\varepsilon_0$ は真空中の誘電率で，$\varepsilon_0 = \dfrac{1}{36\pi\times10^9} \fallingdotseq 8.85\times10^{-12}$〔F/m〕である．

また，式①は次式で表すこともできる．

$$F = \frac{Q_1 Q_2}{4\pi\varepsilon_0 r^2}\ 〔\mathrm{N}〕 \qquad \cdots\cdots ②$$

比誘電率 ε_S の誘電体（絶縁物）がある場合は，$k = \dfrac{1}{4\pi\varepsilon_0\varepsilon_S}$ になるので，式①は次式で表される．

$$F = \frac{Q_1 Q_2}{4\pi\varepsilon_0\varepsilon_S r^2}\ 〔\mathrm{N}〕 \qquad \cdots\cdots ③$$

電荷 Q〔C〕から距離 r〔m〕離れた場所の電界の強さを求める場合，距離 r〔m〕の場所に単位正電荷（$+1$〔C〕）を置いて式①を使用してクーロン力を計算する．これが電界 E〔V/m〕であり，次式が成立する．

$$F = k\frac{Q\times1}{r^2} = E\ 〔\mathrm{V/m}〕 \qquad \cdots\cdots ④$$

一般的な解き方！

電界の強さを求めるには，求める点に単位正電荷（$+1$〔C〕）を置いたときのクーロン力を計算する．**図 1.1** において，点Pにおける点Aの $+9$〔C〕の電荷による電界 E_A の方向は，反発力が働くので右向きになる．点Pの電界が零になるには電界 E_A と同じ大きさの電界 E_B が左向きにならなければならないので，点Bの電荷 x〔C〕はマイナスの電荷でなければならない．

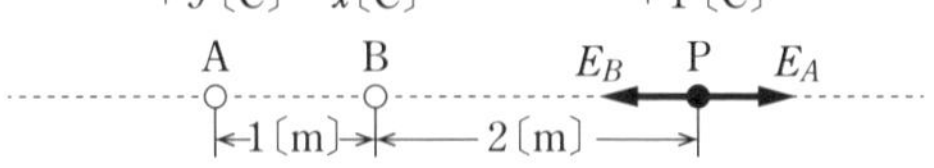

図 1.1

点Aにある $+9$〔C〕の電荷による点Pの電界の強さ E_A〔V/m〕は右向きで，公式④より，次のようになる（k は定数）．

$$E_A = k\frac{9\times1}{(1+2)^2} \qquad \cdots\cdots (1)$$

同様に，点Bにあるx〔C〕の電荷による点Pの電界の強さE_B〔V/m〕は左向きで，公式④より，次のようになる．

$$E_B = k\frac{x\times 1}{2^2} \qquad \cdots\cdots(2)$$

式(1)と式(2)が等しくなったとき（$E_A=E_B$），点Pの電界の強さが零になるので，次式が成立する．

$$k\frac{9}{3^2} = k\frac{x}{2^2} \qquad \cdots\cdots(3)$$

式(3)より，

$$3^2\times x = 9\times 2^2$$

$$9x = 36 \qquad \cdots\cdots(4)$$

式(4)より，$x=4$〔C〕となるが，電荷x〔C〕はマイナスの電荷でなければならないので，-4〔C〕となる．

$\frac{a}{b}=\frac{c}{d}$ は，$ad=bc$ だよ．

正答 4

例題－2　2点電荷による電界の強さが零になる位置を求める問題

図に示すように，直線上の点A及び点Bにそれぞれ＋4〔C〕及び－1〔C〕の点電荷が置かれている．電界の強さが零になる点の位置は，直線上のどこか．正しいものを下の番号から選べ．ただし，点AB間の距離は3〔m〕とする．

1　点Aから左に3〔m〕
2　点Aから左に1〔m〕
3　点Aから右に1〔m〕
4　点Bから右に1〔m〕
5　点Bから右に3〔m〕

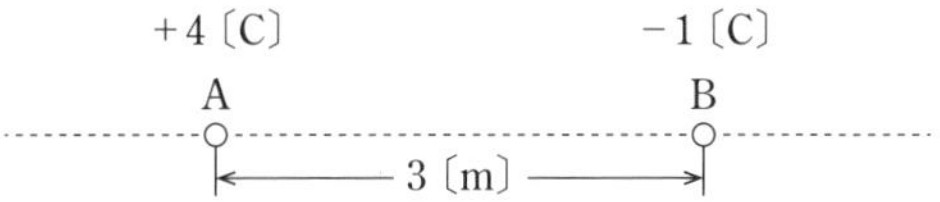

問題を解くヒント！

電界の強さを求めるには，求める点に単位正電荷（+1〔C〕）を置いたときのクーロン力を計算すればよい．電界の強さの単位は〔V/m〕である．

使う公式

「例題－1」のクーロンの法則を使う．

一般的な解き方！

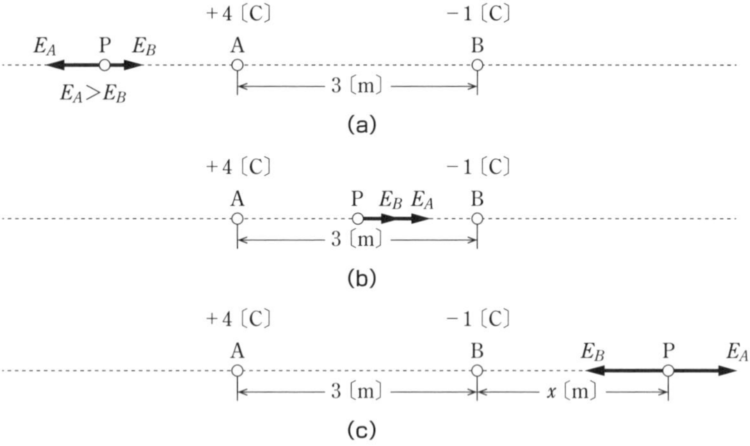

図 1.2

図 1.2 (a) に示すように，電界の強さが零になる点Pが点Aより左側にあるとすると，距離の短い+4〔C〕による左向きの電界E_Aは，距離の長い−1〔C〕による右向きの電界E_Bより必ず大きくなり，電界の強さが零になることはない．

図 1.2 (b) に示すように，電界の強さが零になる点Pが点Aと点Bの間にあるとすると，+4〔C〕による電界E_Aは右向き，−1〔C〕による電界E_Bも右向きとなり，電界の強さが零になることはない．

図 1.2 (c) に示すように，電界の強さが零になる点Pが点Bより右側にあるとすると，距離の長い+4〔C〕による電界E_Aは右向き，距離の短い−1〔C〕による電界E_Bは左向きになるため，電界の強さが零になる可能性がある．

図 1.2 (c) の点Pにおける，+4〔C〕の電荷による右向きの電界の強さをE_A〔V/m〕，−1〔C〕の電荷による左向きの電界の強さをE_B〔V/m〕，BP間の距離をx〔m〕とすると，「例題－1」の公式④より，次式が成立する．

$$E_A = k\frac{4\times 1}{(x+3)^2} \qquad \cdots\cdots(1)$$

$$E_B = k\frac{1\times 1}{x^2} \qquad \cdots\cdots(2)$$

式(1)と式(2)が等しくなったとき ($E_A=E_B$)，点Pの電界の強さが零になるので，次式が成立する．

$$k\frac{4}{(x+3)^2}=k\frac{1}{x^2} \quad \cdots\cdots(3)$$

$\dfrac{a}{b}=\dfrac{c}{d}$ は，$ad=bc$ だよ．

式(3)より，

$$4\times x^2=(x+3)^2\times 1 \quad \cdots\cdots(4)$$

式(4)より，

$(a+b)^2=a^2+2ab+b^2$ だよ．

$$4x^2=x^2+6x+9$$

$$3x^2-6x-9=0$$

$$3(x^2-2x-3)=0$$

$$3(x-3)(x+1)=0$$

$\therefore x=3$ 又は -1　となる．

$x>0$ なので，点Bから右に3〔m〕の点で電界の強さが零となる．

正答 5

例題－3　平行平板コンデンサの静電容量の値を求める問題

静電容量が60〔pF〕である平行平板コンデンサの電極間の距離を1/3とし，電極間の誘電体の比誘電率を2倍にしたときの静電容量の値として，正しいものを下の番号から選べ．

1　30〔pF〕
2　45〔pF〕
3　180〔pF〕
4　360〔pF〕
5　720〔pF〕

問題を解くヒント！

平行平板コンデンサの静電容量は，電極間の距離が小さくなると大きくなり，電極間に挿入する誘電体（絶縁物）の比誘電率の値が大きくなると大きくなる．

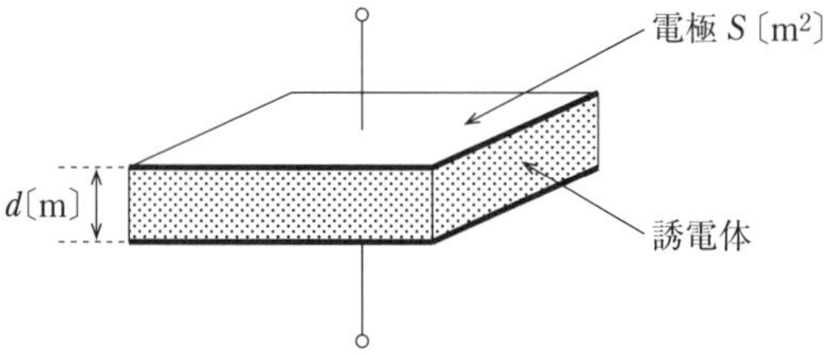

図 1.3

使う公式

図 1.3 のように，電極面積 S〔m^2〕の二枚の電極板を距離 d〔m〕で配置したものを平行平板コンデンサといい，その静電容量 C〔F〕は，次式で表される．

$$C = \varepsilon_0 \varepsilon_S \frac{S}{d} \text{〔F〕}$$

ただし，ε_0：真空中の誘電率で，$\varepsilon_0 \fallingdotseq 8.85 \times 10^{-12}$〔F/m〕

ε_S：誘電体（絶縁体）の比誘電率

静電容量 C の単位〔F〕は「ファラド」と読むよ．

一般的な解き方！

電極面積 S〔m^2〕，電極間の距離 d〔m〕の平行平板コンデンサの静電容量 C〔F〕は，次式で表される．

$$C = \varepsilon_0 \varepsilon_S \frac{S}{d} \text{〔F〕} \qquad \cdots\cdots(1)$$

ただし，ε_0：真空中の誘電率で，$\varepsilon_0 \fallingdotseq 8.85 \times 10^{-12}$〔F/m〕

ε_S：誘電体（絶縁体）の比誘電率

p（ピコ）は 10^{-12} だよ．

式(1)が $C = 60$〔pF〕なので，

$$C = \varepsilon_0 \varepsilon_S \frac{S}{d} = 60 \text{〔pF〕} \qquad \cdots\cdots(2)$$

となる．

電極間の距離 d〔m〕を 1/3，電極間の誘電体の比誘電率 ε_S を 2 倍にしたときの静電容量を C'〔F〕とすると，式(1)より，

$$C' = \varepsilon_0 \times 2\varepsilon_S \frac{S}{\frac{d}{3}} = 2\varepsilon_0 \varepsilon_S \frac{3S}{d} = 6\varepsilon_0 \varepsilon_S \frac{S}{d} = 6C \text{〔F〕} \qquad \cdots\cdots(3)$$

$\dfrac{S}{\frac{d}{3}} = S \times \dfrac{3}{d} = \dfrac{3S}{d}$ だよ．

式(3)に式(2)を代入すると，

$$C' = 6C = 6 \times 60 = 360 \text{〔pF〕}$$

となる．

簡易的な解き方！

$C=\varepsilon_0\varepsilon_S\dfrac{S}{d}=60$〔pF〕より，

電極間の距離d〔m〕を 1/3 にすると，C の値は 3 倍の 180〔pF〕となる．よって，電極間の誘電体の比誘電率ε_S を 2 倍にすると，180〔pF〕の 2 倍の 360〔pF〕となる．

正答 4

例題－4　平行平板コンデンサの静電容量の値を求める問題

図に示す，真空中に置かれた二つの平行平板の電極間に，電極間隔dの2/3の厚さの誘電体を挿入したとき，静電容量の値は誘電体を挿入する前の値の何倍になるか．正しいものを下の番号から選べ．ただし，誘電体の比誘電率は4とする．

1　1.5 倍
2　2.0 倍
3　2.5 倍
4　3.0 倍
5　3.5 倍

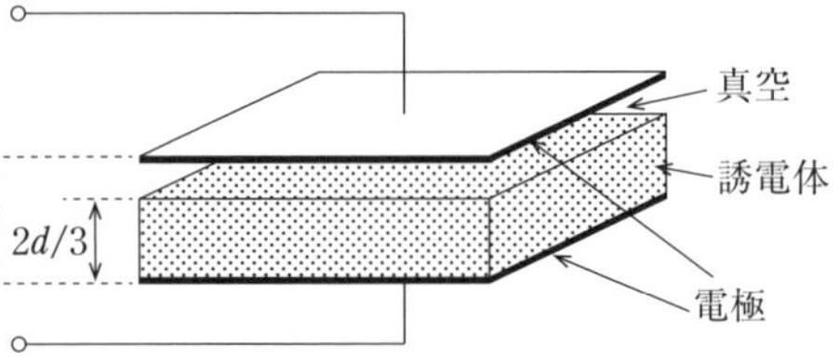

問題を解くヒント！

電極間隔が$d/3$ で誘電体が挿入されていないコンデンサと電極間隔が$2d/3$ で比誘電率が 4 の誘電体が挿入されているコンデンサが直列接続されていると考える．

使う公式

(1)「例題－3」の平行平板コンデンサの静電容量を求める公式を使う．

(2) コンデンサ C_1〔F〕とコンデンサ C_2〔F〕の並列合成静電容量C_P〔F〕は，次式で表される．

$$C_P=C_1+C_2\ \text{〔F〕}\qquad\cdots\cdots ①$$

(3) コンデンサ C_1〔F〕とコンデンサ C_2〔F〕の直列合成静電容量C_S〔F〕は，次式で表される．

$$C_S = \frac{1}{\frac{1}{C_1}+\frac{1}{C_2}} = \frac{C_1 \times C_2}{C_1 + C_2} \text{〔F〕} \quad \cdots\cdots ②$$

(4) コンデンサ C_1〔F〕，コンデンサ C_2〔F〕，コンデンサ C_3〔F〕の直列合成静電容量 C_S〔F〕は，次式で表される．

$$C_S = \frac{1}{\frac{1}{C_1}+\frac{1}{C_2}+\frac{1}{C_3}} \text{〔F〕} \quad \cdots\cdots ③$$

コンデンサが3個以上直列に接続される場合は，
式③を使うよ．
コンデンサが2個のときは，式②が便利だね．

一般的な解き方！

電極面積を S〔m^2〕，電極間隔を d〔m〕，真空中の誘電率を ε_0〔F/m〕，誘電体の比誘電率を ε_S とすると，誘電体を挿入する前の静電容量 C_0〔F〕は，次式で表される．

$$C_0 = \varepsilon_0 \frac{S}{d} \text{〔F〕} \quad \cdots\cdots (1)$$

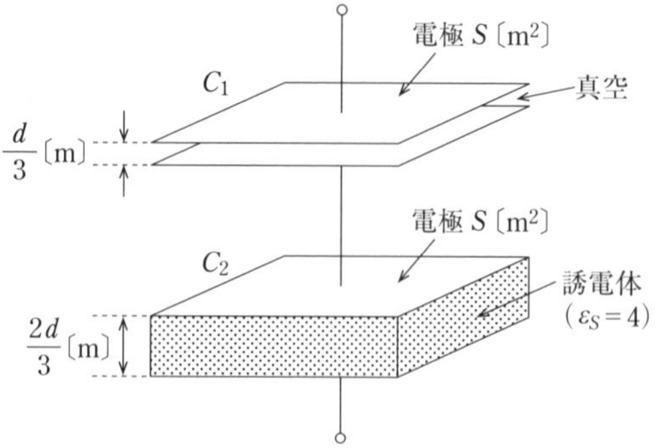

図 1.4

図 1.4 に示すような電極間隔 d〔m〕の 1/3 に誘電体が挿入されていない部分の静電容量 C_1〔F〕と電極間隔 d〔m〕の 2/3 に比誘電率 $\varepsilon_S = 4$ の誘電体が挿入されている部分の静電容量 C_2〔F〕の直列合成静電容量 C_T〔F〕を求めると，

$$C_1 = \varepsilon_0 \frac{S}{\frac{d}{3}} = 3\varepsilon_0 \frac{S}{d} \quad \cdots\cdots (2)$$

$$C_2 = \varepsilon_0 \varepsilon_S \frac{S}{\frac{2d}{3}} = 4\varepsilon_0 \times \frac{3}{2} \times \frac{S}{d} = 6\varepsilon_0 \frac{S}{d} \quad \cdots\cdots (3)$$

式(2)と式(3)より，

$$C_2 = 2C_1 \qquad \cdots\cdots(4)$$

となる．よって，直列合成静電容量C_T〔F〕は，

$$C_T = \frac{C_1 \times C_2}{C_1 + C_2} = \frac{C_1 \times 2C_1}{C_1 + 2C_1} = \frac{2C_1^2}{3C_1} = \frac{2C_1}{3} \qquad \cdots\cdots(5)$$

式(5)に $C_1 = 3\varepsilon_0 \dfrac{S}{d}$ を代入すると，

$$C_T = \frac{2}{3} \times 3\varepsilon_0 \frac{S}{d} = 2\varepsilon_0 \frac{S}{d} \qquad \cdots\cdots(6)$$

したがって，電極間隔d〔m〕の2/3に比誘電率$\varepsilon_S = 4$の誘電体を挿入したときの静電容量C_T（式(6)）は，誘電体を挿入する前の静電容量C_0（式(1)）の値の2倍である．

C_1とC_2のコンデンサを直列接続したときの合成静電容量C_T〔F〕は，次の式で表されるよ．

$$C_T = \frac{C_1 \times C_2}{C_1 + C_2} \text{〔F〕}$$

正答 2

例題－5　コンデンサに蓄えられるエネルギーの値を求める問題

コンデンサに電圧10〔V〕を加えたとき，4〔μC〕の電荷が蓄えられた．このときコンデンサに蓄えられるエネルギーの値として，正しいものを下の番号から選べ．

1　2〔μJ〕
2　10〔μJ〕
3　20〔μJ〕
4　100〔μJ〕
5　200〔μJ〕

問題を解くヒント！

静電容量C〔F〕のコンデンサに，電圧V〔V〕を加えると，コンデンサの電極間の電位差がV〔V〕になったときに，充電が終了する．

使う公式

コンデンサは電圧を加えると瞬間的に電荷が蓄えられるのではなく，**図 1.5** のようにコンデンサの両端の電圧の上昇とともに電荷が増加し，電位差が V〔V〕になると充電が終わる．コンデンサが充電している間，電池は電極間の電位差に逆らって仕事をしている．電圧が 0〔V〕から V〔V〕になるまで充電するのに必要な仕事 W〔J〕は，三角形 OAB の面積で求めることができ，この仕事をコンデンサはエネルギーとして蓄える．エネルギー W〔J〕は，次式で表される．

$$W=\frac{1}{2}QV\ 〔\mathrm{J}〕$$

仕事 W の単位〔J〕は「ジュール」と読むよ．

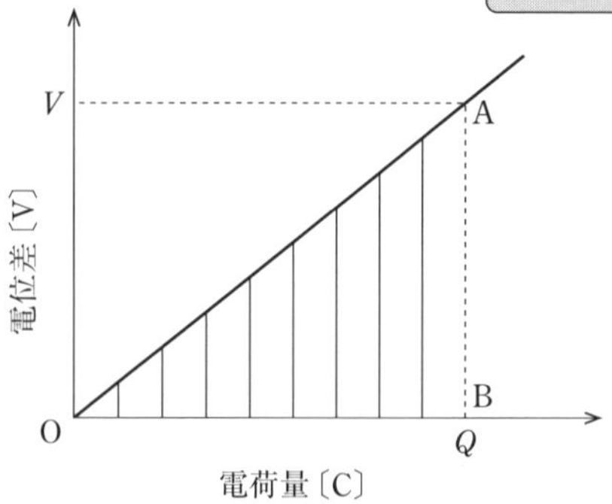

図 1.5　コンデンサに蓄えられるエネルギー

一般的な解き方！

コンデンサに加える電圧を V〔V〕，電荷を Q〔C〕とすると，コンデンサに蓄えられるエネルギー W〔J〕は，次式で表される．

$$W=\frac{1}{2}QV\ 〔\mathrm{J}〕 \qquad \cdots\cdots(1)$$

式(1)に $V=10$〔V〕，$Q=4$〔μC〕$=4\times10^{-6}$〔C〕を代入すると，

$$W=\frac{1}{2}QV=\frac{4\times10^{-6}\times10}{2}=20\times10^{-6}〔\mathrm{J}〕=20〔\mu\mathrm{J}〕$$

となる．

μ（マイクロ）は 10^{-6} だよ．

正答 3

例題－6　コンデンサに蓄えられたエネルギーから電圧を求める問題

図に示す回路において，二つの静電容量 C_1 及び C_2 に蓄えられる静電エネルギーの総和が32〔μJ〕であるときの，C_1 の両端の電圧 V_1 の値として，最も近いものを下の番号から選べ．

1　0.8〔V〕
2　1.6〔V〕
3　2.4〔V〕
4　3.2〔V〕
5　4.0〔V〕

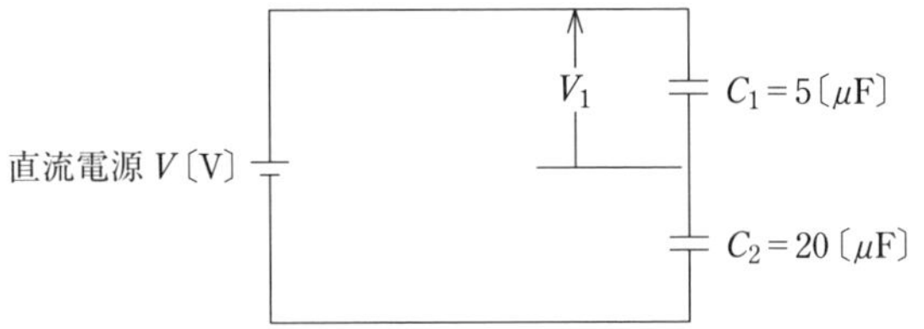

問題を解くヒント！

直列接続されている二つのコンデンサに電圧を加えると，コンデンサにそれぞれのコンデンサに蓄えられる電荷は同じになる．

使う公式

(1) 静電容量 C〔F〕のコンデンサに電圧 V〔V〕を加えると，コンデンサに蓄えられる電荷 Q〔C〕は，次式で表される．

$$Q = CV \text{〔C〕}$$

(2) 静電容量 C〔F〕のコンデンサに電圧 V〔V〕を加えると，コンデンサに蓄えられる静電エネルギー W〔J〕は，次式で表される．

$$W = \frac{1}{2}QV = \frac{1}{2}CV^2 \text{〔J〕}$$

一般的な解き方！

$C_1 = 5$〔μF〕$= 5 \times 10^{-6}$〔F〕，$C_2 = 20$〔μF〕$= 20 \times 10^{-6}$〔F〕のコンデンサが直列接続されているので，それぞれのコンデンサに蓄えられる電荷 Q〔C〕は同じになる．よって，C_2 の両端の電圧を V_2〔V〕とすると，次式が成立する．

$$C_1V_1 = C_2V_2 \qquad \cdots\cdots(1)$$

式(1)より，V_2 を求めると，

$$V_2 = \frac{C_1 V_1}{C_2} = \frac{5\times10^{-6} V_1}{20\times10^{-6}} = \frac{V_1}{4} \quad \cdots\cdots(2)$$

C_1 に蓄えられる静電エネルギーを W_1〔J〕とすると,

$$W_1 = \frac{1}{2}QV_1 = \frac{1}{2}C_1{V_1}^2 \quad \cdots\cdots(3)$$

C_2 に蓄えられる静電エネルギーを W_2〔J〕とすると,

$$W_2 = \frac{1}{2}QV_2 = \frac{1}{2}C_2{V_2}^2$$

$$= \frac{C_2}{2}\times\left(\frac{V_1}{4}\right)^2$$

$$= \frac{C_2}{2}\times\frac{V_1^2}{16} = \frac{C_2{V_1}^2}{32} \quad \cdots\cdots(4)$$

式(2)より，$V_2 = \dfrac{V_1}{4}$ なので，$V_2^2 = \left(\dfrac{V_1}{4}\right)^2$ だよ．

式(3)と式(4)の総和が 32〔μJ〕= 32×10^{-6}〔J〕であるので,

$$\frac{1}{2}C_1{V_1}^2 + \frac{C_2{V_1}^2}{32} = \frac{5\times10^{-6}{V_1}^2}{2} + \frac{20\times10^{-6}{V_1}^2}{32}$$

$$= \frac{16\times5\times10^{-6}{V_1}^2 + 20\times10^{-6}{V_1}^2}{32}$$

$$= \frac{100\times10^{-6}{V_1}^2}{32} = \frac{25\times10^{-6}{V_1}^2}{8} \quad \cdots\cdots(5)$$

式(5)が 32×10^{-6}〔J〕であるので,

$$\frac{25\times10^{-6}{V_1}^2}{8} = 32\times10^{-6} \quad \cdots\cdots(6)$$

式(6)より，V_1 を求めると,

$$25{V_1}^2 = 32\times8$$

$${V_1}^2 = \frac{32\times8}{25} = \frac{256}{25}$$

よって,

$$V_1 = \sqrt{\frac{256}{25}} = \sqrt{\frac{16^2}{5^2}} = \frac{16}{5} = 3.2 \text{〔V〕}$$

となる.

$\sqrt{}$ は $\dfrac{1}{2}$ 乗という意味だよ．

$\sqrt{a^2} = (a^2)^{\frac{1}{2}} = a^{2\times\frac{1}{2}} = a$ だね．

正答 4

例題－7 コンデンサに蓄えられる電荷と電圧を求める問題

次の記述は，図に示す回路について述べたものである．［　　］内に入れるべき字句の正しい組合せを下の番号から選べ．

(1) スイッチSが断 (OFF) のとき，C_1 の電圧は，［ A ］である．
(2) スイッチSが断 (OFF) のとき，C_2 に蓄えられる電荷の量は，［ B ］である．
(3) スイッチSが接 (ON) のとき，C_1 に蓄えられる電荷の量は，［ C ］である．

	A	B	C
1	3.0〔V〕	30〔μC〕	135〔μC〕
2	3.0〔V〕	90〔μC〕	270〔μC〕
3	4.5〔V〕	30〔μC〕	405〔μC〕
4	6.0〔V〕	60〔μC〕	270〔μC〕
5	6.0〔V〕	90〔μC〕	405〔μC〕

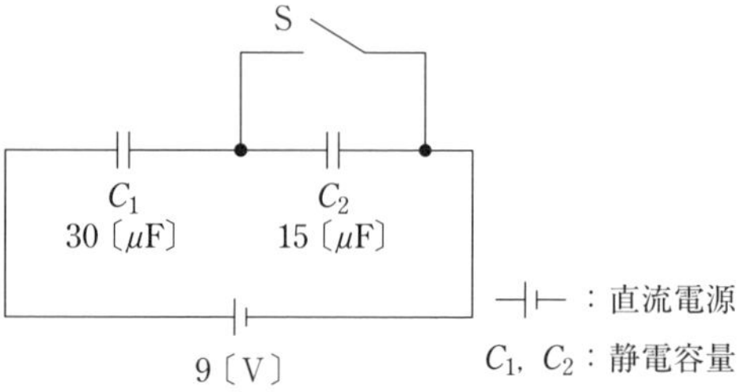

問題を解くヒント！

スイッチSを接 (ON) にすると，コンデンサ C_2 は電線と同じ扱いになる．

使う公式

「例題－6」の電荷を求める公式を使う．

一般的な解き方！

コンデンサ C_1〔F〕，C_2〔F〕の両端の電圧をそれぞれ V_1〔V〕，V_2〔V〕とする．

(1) スイッチSが断 (OFF) のとき，コンデンサ C_1 と C_2 に蓄えられる電荷 Q〔C〕は同じになるので，次式が成立する．

$$C_1V_1 = C_2V_2 \quad \cdots\cdots(1)$$

$$V_1 + V_2 = 9 \quad \cdots\cdots(2)$$

式(1)に $C_1 = 30$〔μF〕$= 30\times10^{-6}$〔F〕，$C_2 = 15$〔μF〕$= 15\times10^{-6}$〔F〕を代入すると，

$$30\times10^{-6}\times V_1 = 15\times10^{-6}\times V_2 \quad \cdots\cdots(3)$$

式(3)より，

$$V_2 = 2V_1 \quad \cdots\cdots(4)$$

式(4)を式(2)に代入すると，

$$V_1+V_2=V_1+2V_1=9 \qquad \cdots\cdots(5)$$

式(5)より，

$$3V_1=9$$

$$V_1=\underline{3〔\mathrm{V}〕}$$

となる．

(2) スイッチSが断（OFF）のとき，$V_1=3$〔V〕であるので，式(4)より $V_2=2\times3=6$〔V〕となる．よって，C_2 に蓄えられる電荷 Q_2〔C〕は，

$$Q_2=C_2V_2=15\times10^{-6}\times6=90\times10^{-6}〔\mathrm{C}〕=\underline{90〔\mu\mathrm{C}〕}$$

となる．

(3) スイッチSが接（ON）のとき，C_2 の両端が短絡であるので，C_2 は電線と考えることができる．よって，電圧を $V=9$〔V〕とすると，C_1 に蓄えられる電荷 Q_1〔C〕は，

$$Q_1=C_1V=30\times10^{-6}\times9=270\times10^{-6}〔\mathrm{C}〕=\underline{270〔\mu\mathrm{C}〕}$$

となる．

簡易的な解き方！

(1) スイッチSが断（OFF）のとき，コンデンサ C_1 と C_2 に蓄えられる電荷 Q〔C〕は同じになる．C_1 と C_2 の静電容量の比が2：1であるので，9〔V〕の電圧が1：2で加わり，

$$V_1=\underline{3〔\mathrm{V}〕}$$

となる．

(2) $V_1=3$〔V〕であれば，$V_2=6$〔V〕になる．よって，C_2 に蓄えられる電荷 Q_2〔C〕は，

$$Q_2=C_2V_2=15\times10^{-6}\times6=90\times10^{-6}〔\mathrm{C}〕=\underline{90〔\mu\mathrm{C}〕}$$

となる．

(3) スイッチSが接（ON）のとき，C_2 の両端が短絡であるので，C_1 に $V=9$〔V〕が加わる．よって，C_1 に蓄えられる電荷 Q_1〔C〕は，

$$Q_1=C_1V=30\times10^{-6}\times9=270\times10^{-6}〔\mathrm{C}〕=\underline{270〔\mu\mathrm{C}〕}$$

となる．

正答 2

例題－8　直列接続のコンデンサに加えることのできる最大電圧を求める問題

耐電圧がすべて36〔V〕で，静電容量が4〔μF〕，6〔μF〕及び24〔μF〕の3個のコンデンサを直列に接続したとき，その両端に加えることのできる最大電圧の値として，正しいものを下の番号から選べ．

1　24〔V〕
2　36〔V〕
3　66〔V〕
4　90〔V〕
5　102〔V〕

問題を解くヒント！

(1) 3個のコンデンサを直列接続して電圧を加えると，各コンデンサには同じ電荷が蓄えられる．

(2) 静電容量の一番小さな4〔μF〕のコンデンサに耐電圧いっぱいの36〔V〕の電圧を加えることができる．

使う公式

(1)「例題－6」の電荷を求める公式を使う．

(2) **図1.6**に示すように，静電容量4〔μF〕，6〔μF〕，24〔μF〕のコンデンサをC_1〔F〕，C_2〔F〕，C_3〔F〕，両端の電圧をV_1〔V〕，V_2〔V〕，V_3〔V〕とすると，蓄えられる電荷Q〔C〕は，次式の関係がある．

$$Q = C_1V_1 = C_2V_2 = C_3V_3$$

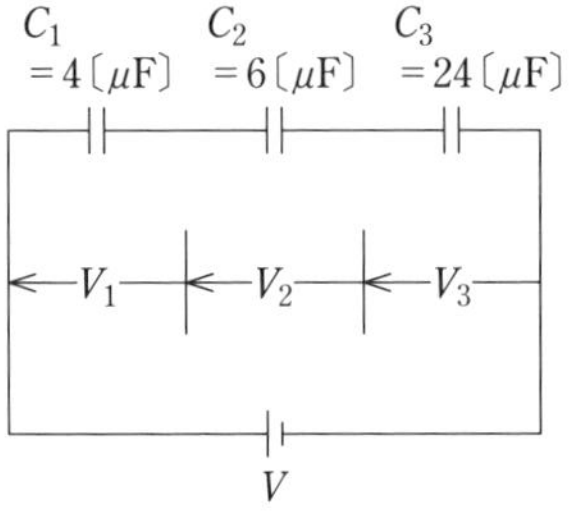

図1.6

一般的な解き方！

直列接続されている3個のコンデンサのうち静電容量の一番小さな $C_1=4$〔μF〕$=4\times 10^{-6}$〔F〕のコンデンサに加えることにできる最大電圧 $V_1=36$〔V〕を加えると，蓄えられる電荷 Q〔C〕は，

$$Q=C_1V_1=4\times10^{-6}\times36=144\times10^{-6}\ 〔\mathrm{C}〕 \quad \cdots\cdots(1)$$

コンデンサが直列接続されている場合，それぞれのコンデンサには等しい電荷が蓄えられるので，$C_2=6$〔μF〕$=6\times10^{-6}$〔F〕の両端の電圧を V_2〔V〕とすると，

$$144\times10^{-6}=6\times10^{-6}V_2 \quad \cdots\cdots(2)$$

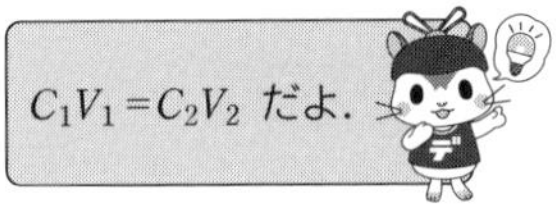

式(2)より，V_2〔V〕を求めると，

$$V_2=\frac{144\times10^{-6}}{6\times10^{-6}}=24\ 〔\mathrm{V}〕 \quad \cdots\cdots(3)$$

同様に，$C_3=24$〔μF〕$=24\times10^{-6}$〔F〕の両端の電圧を V_3〔V〕とすると，

$$144\times10^{-6}=24\times10^{-6}V_3 \quad \cdots\cdots(4)$$

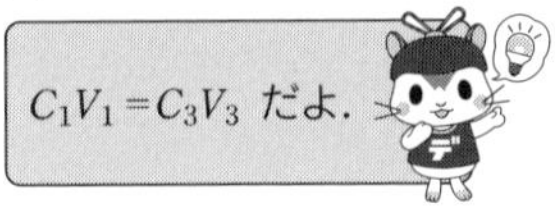

式(4)より，V_3〔V〕を求めると，

$$V_3=\frac{144\times10^{-6}}{24\times10^{-6}}=6\ 〔\mathrm{V}〕$$

よって，加えることにできる最大電圧 V〔V〕は，

$$V=V_1+V_2+V_3=36+24+6=66\ 〔\mathrm{V}〕$$

となる．

正答 3

例題－9　二つの静電容量間で移動した電荷を求める問題

図に示すように，対地間静電容量が $C_1=1$〔μF〕，$C_2=3$〔μF〕の2個の導体球A及びBそれぞれに，$Q_1=3$〔μC〕及び $Q_2=9$〔μC〕の電荷が与えられている．スイッチSを接（ON）にすると，AとBの電荷はどのようになるか．正しいものを下の番号から選べ．ただし，導線及びスイッチの影響は無視するものとする．

1　AからBへ6〔μC〕移動する．
2　AからBへ3〔μC〕移動する．
3　AとBの間の移動はない．
4　BからAへ3〔μC〕移動する．
5　BからAへ6〔μC〕移動する．

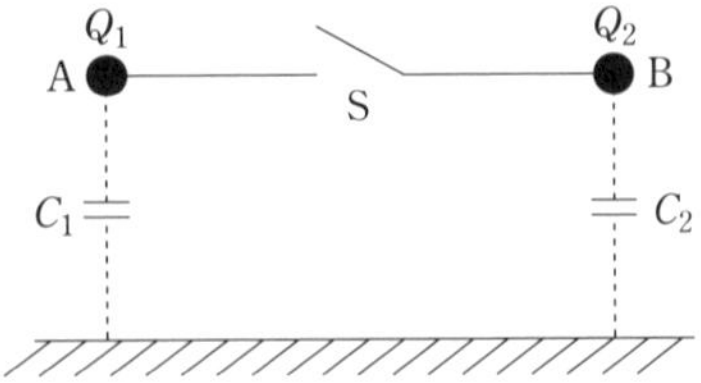

問題を解くヒント！

スイッチSを接（ON）にすると，コンデンサ C_1，C_2 の両端の電圧は同じになる．

使う公式

「例題－6」の電荷を求める公式を使う．

一般的な解き方！

スイッチを接（ON）にする前のコンデンサ C_1 の両端の電圧を V_1〔V〕とすると，

$$V_1=\frac{Q_1}{C_1}=\frac{3\times10^{-6}}{1\times10^{-6}}=3\ 〔\mathrm{V}〕$$

スイッチを接（ON）にする前のコンデンサ C_2 の両端の電圧を V_2〔V〕とすると，

$$V_2=\frac{Q_2}{C_2}=\frac{9\times10^{-6}}{3\times10^{-6}}=3\ 〔\mathrm{V}〕$$

V_1 と V_2 が同じであるため，スイッチを接（ON）にしても電荷の移動はない．

正答 3

例題－10　コンデンサの電荷の移動と静電容量の値を求める問題

図に示す回路において，最初はスイッチ S_1 及びスイッチ S_2 は開いた状態にあり，コンデンサ C_1 及びコンデンサ C_2 に電荷は蓄えられていなかった．次に S_2 を開いたまま S_1 を閉じて C_1 を24〔V〕の電圧で充電し，更に，S_1 を開き S_2 を閉じたとき，C_2 の端子電圧が9〔V〕になった．C_1 の静電容量が6〔μF〕のとき，C_2 の静電容量の値として，正しいものを下の番号から選べ．

1　2〔μF〕
2　4〔μF〕
3　6〔μF〕
4　8〔μF〕
5　10〔μF〕

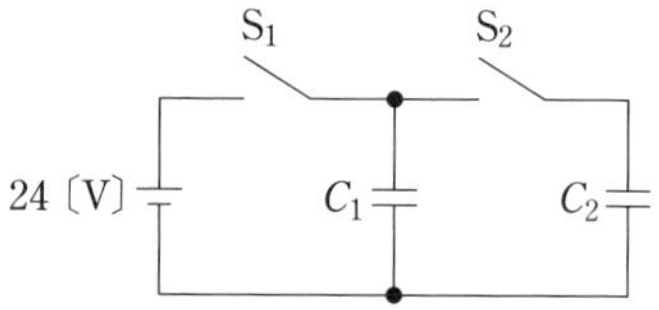

問題を解くヒント！

(1) スイッチ S_2 を開いたまま S_1 を閉じたとき，コンデンサ C_1 に電荷 Q_1〔C〕が蓄えられる．

(2) スイッチ S_1 を開き S_2 を閉じたとき，コンデンサ C_1 に蓄えられていた電荷 Q_1〔C〕の一部が C_2 に移動し，二つのコンデンサの両端の電圧は同じになる．

使う公式

「例題－6」の電荷を求める公式を使う．

一般的な解き方！

スイッチ S_2 を開いたまま S_1 を閉じると，コンデンサ C_1 に蓄えられる電荷 Q_1〔C〕は，

$$Q_1 = C_1 \times 24 = 6 \times 10^{-6} \times 24 = 144 \times 10^{-6}\ \text{〔C〕} \qquad \cdots\cdots(1)$$

スイッチ S_1 を開き S_2 を閉じたとき，コンデンサ C_1 に蓄えられていた電荷 Q_1〔C〕の一部が C_2 に移動し，その端子電圧が 9〔V〕になったので，C_1 の電荷量は，次のように変化する．

$$C_1 \times 9 = 6 \times 10^{-6} \times 9 = 54 \times 10^{-6}\ \text{〔C〕} \qquad \cdots\cdots(2)$$

よって，式(1)の電荷量と式(2)の電荷量の差が C_2 に移動したことになる．C_2 に蓄えられる電荷を Q_2〔C〕とすると，

$$Q_2 = 144 \times 10^{-6} - 54 \times 10^{-6} = 90 \times 10^{-6}\ \text{〔C〕} \qquad \cdots\cdots(3)$$

したがって，C_2 の静電容量は式(3)より，

$$C_2 = \frac{Q_2}{9} = \frac{90 \times 10^{-6}}{9} = 10 \times 10^{-6}\ \text{〔F〕} = 10\ \text{〔}\mu\text{F〕}$$

となる．

簡易的な解き方！

電荷の単位を〔μC〕，コンデンサの単位を〔μF〕とすれば，10^{-6} を掛けないで計算できる．

スイッチ S_2 を開いたまま S_1 を閉じると，コンデンサ C_1 に蓄えられる電荷 Q_1〔C〕は，

$$Q_1 = C_1 \times 24 = 6 \times 24 = 144\ \text{〔}\mu\text{C〕} \qquad \cdots\cdots(1)$$

スイッチ S_1 を開き S_2 を閉じたとき，コンデンサ C_1 に蓄えられていた電荷 Q_1〔C〕の一部が C_2 に移動し，その端子電圧が 9〔V〕になったので，C_1 の電荷量は，次のように変化する．

$C_1 \times 9 = 6 \times 9 = 54$〔μC〕　……(2)

よって，式(1)の電荷量と式(2)の電荷量の差が C_2 に移動したことになる．C_2 に蓄えられる電荷を Q_2〔C〕とすると，

$Q_2 = 144 - 54 = 90$〔μC〕　……(3)

したがって，C_2 の静電容量は式(3)より，

$$C_2 = \frac{Q_2}{9} = \frac{90}{9} = 10 \text{〔μF〕}$$

となる．

正答 5

例題－11　直線導線の微小部分に生じる磁界の強さを求める問題

図に示すように，直流電流 I〔A〕が流れている直線導線の微小部分 $\Delta\ell$〔m〕から45度の方向で r〔m〕の距離にある点Pに，$\Delta\ell$ によって生ずる磁界の強さ ΔH〔A/m〕を表す式として，正しいものを下の番号から選べ．

1　$\Delta H = \dfrac{\sqrt{2}\, I \Delta\ell}{4\pi r^2}$

2　$\Delta H = \dfrac{I \Delta\ell}{4\sqrt{2}\,\pi r^2}$

3　$\Delta H = \dfrac{I \Delta\ell}{4\sqrt{2}\,\pi r}$

4　$\Delta H = \dfrac{\sqrt{2}\, I \Delta\ell}{2\pi r^2}$

5　$\Delta H = \dfrac{I \Delta\ell}{2\sqrt{2}\,\pi r^2}$

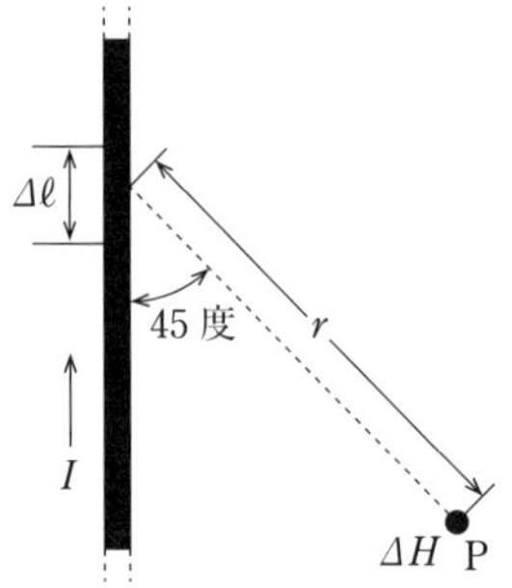

問題を解くヒント！

図 1.7 に示すように，微小の長さの導線 $\Delta\ell$〔m〕に電流 I〔A〕が流れているとき，点Pにおける磁界の強さ ΔH〔A/m〕をビオとサバールが求めた．これを「ビオ・サバールの法則」という．

Δ はギリシャ文字で「デルタ」と読むよ．

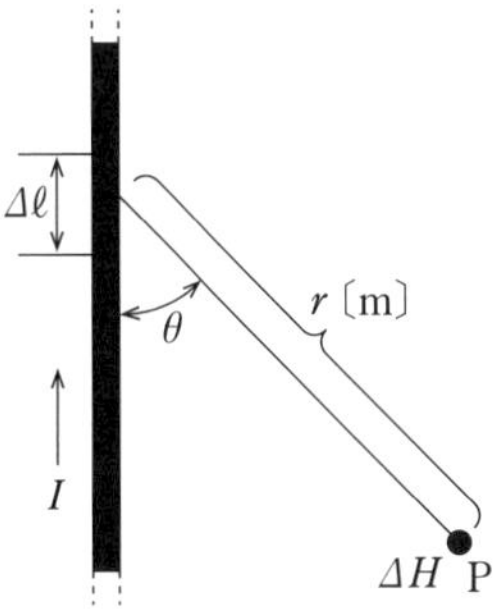

図 1.7

「ビオ」と「サバール」はこの法則を発見した人の名前で，どちらもフランスの物理学者だよ．

使う公式

図 1.7 に示すような微小の長さの導線 $\Delta\ell$〔m〕に電流 I〔A〕が流れているとき，点Pにおける磁界の強さ ΔH〔A/m〕は，次式で表される．

$$\Delta H = \frac{I\Delta\ell}{4\pi r^2}\sin\theta \text{〔A/m〕}$$

sin は「サイン」と読み，三角関数だよ．

一般的な解き方！

点Pの磁界の強さ ΔH〔A/m〕は，次式で表される．

$$\Delta H = \frac{I\Delta\ell}{4\pi r^2}\sin 45^\circ = \frac{I\Delta\ell}{4\pi r^2}\times\frac{1}{\sqrt{2}} = \frac{I\Delta\ell}{4\sqrt{2}\pi r^2} \text{〔A/m〕}$$

ただし，$\sin 45^\circ = \dfrac{1}{\sqrt{2}}$

角度が 30°，60°，90° の問題も出題されているよ．
$\sin 30^\circ = \dfrac{1}{2}$，$\sin 60^\circ = \dfrac{\sqrt{3}}{2}$，$\sin 90^\circ = 1$ だよ．

正答 2

例題－12 コイルの直列接続のインダクタンス（差動接続）の値を求める問題

図に示すように，環状鉄心に巻いた二つのコイルA及びBを接続したとき，端子ad間のインダクタンスの値として，最も近いものを下の番号から選べ．ただし，Aの自己インダクタンスは16〔mH〕，Bの巻数はAの1/2とする．また，磁気回路に漏れ磁束はないものとする．

1　 4〔mH〕
2　 8〔mH〕
3　12〔mH〕
4　18〔mH〕
5　24〔mH〕

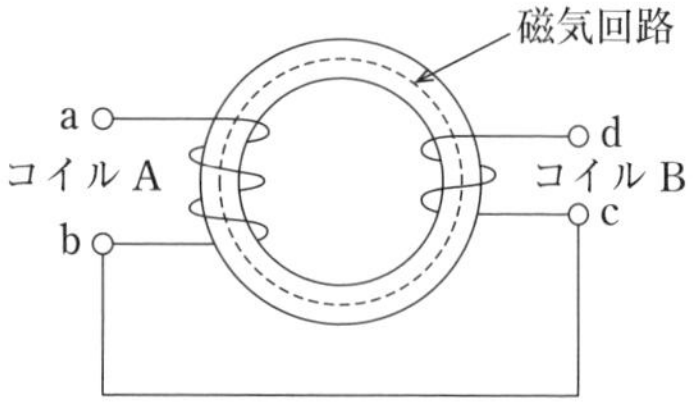

問題を解くヒント！

図 1.8 の回路が和動接続か差動接続かを確認するため，a 点から電流を流すと，電流は矢印で示した方向に流れる．コイル A による磁束Φ_A〔Wb〕とコイル B による磁束Φ_B〔Wb〕が逆方向であるので，このコイルは「差動」接続である．

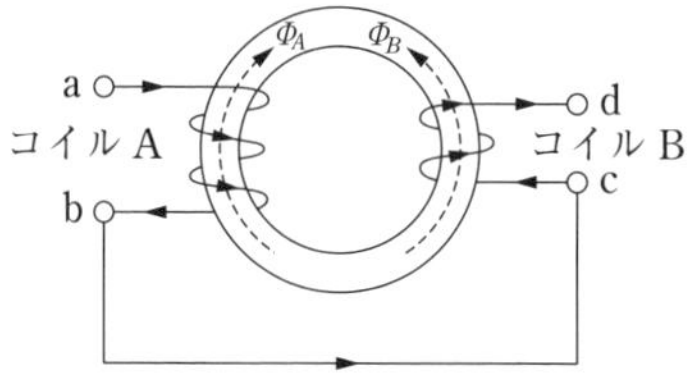

図 1.8

磁束Φ_A，Φ_B が逆方向になる結合を差動接続というよ．Φ はギリシャ文字で「ファイ」，磁束の単位〔Wb〕は「ウェーバ」と読むよ．

使う公式

(1) コイル A の自己インダクタンスをL_A〔H〕，コイル B の自己インダクタンスをL_B〔H〕とすると，相互インダクタンスM〔H〕は，次式で表される．

$$M = k\sqrt{L_A L_B}\ \text{〔H〕}$$

ただし，漏れ磁束がない場合は$k = 1$とする．

インダクタンスの単位〔H〕は「ヘンリー」と読むよ．

$M = k\sqrt{L_A L_B}$ のkを結合係数というよ．漏れ磁束がない場合は$k = 1$，漏れ磁束がある場合は$k < 1$となるよ．

(2) 差動接続の場合，ad間の合成インダクタンス L_{ad}〔H〕は，次式で表される．

$$L_{ad} = L_A + L_B - 2M \text{〔H〕}$$

一般的な解き方！

コイルのインダクタンスは巻数の2乗に比例する．コイルBの巻数はコイルAの1/2であるので，コイルBの自己インダクタンス L_B〔H〕は，コイルAの $\left(\frac{1}{2}\right)^2 = \frac{1}{4}$ 倍になる．

よって，コイルBの自己インダクタンス L_B はコイルAの自己インダクタンス L_A が16〔mH〕$= 16 \times 10^{-3}$〔H〕なので，

$$L_B = L_A \times \frac{1}{4} = 16 \times 10^{-3} \times \frac{1}{4} = 4 \times 10^{-3} \text{〔H〕} \qquad \cdots\cdots(1)$$

磁気回路の相互インダクタンスを M〔H〕とすると，漏れ磁束がないので，

$$M = \sqrt{L_A L_B} = \sqrt{16 \times 10^{-3} \times 4 \times 10^{-3}} = \sqrt{64 \times 10^{-6}}$$
$$= 8 \times 10^{-3} \text{〔H〕} \qquad \cdots\cdots(2)$$

ad間の合成インダクタンス L_{ad}〔H〕は，差動接続なので，次式で表される．

$$L_{ad} = L_A + L_B - 2M \qquad \cdots\cdots(3)$$

式(3)に，$L_A = 16 \times 10^{-3}$〔H〕，$L_B = 4 \times 10^{-3}$〔H〕，$M = 8 \times 10^{-3}$〔H〕を代入すると，

$$L_{ad} = 16 \times 10^{-3} + 4 \times 10^{-3} - 2 \times 8 \times 10^{-3}$$
$$= 20 \times 10^{-3} - 16 \times 10^{-3} = 4 \times 10^{-3} \text{〔H〕} = 4 \text{〔mH〕}$$

となる．

簡易的な解き方！

L_A，L_B の単位がいずれも〔mH〕であるので，次のように 10^{-3} を省略し，単位を〔mH〕のまま計算する．

$$L_B = 4 \text{〔mH〕} \qquad \cdots\cdots(1)$$

$$M = \sqrt{L_A L_B} = \sqrt{16 \times 4} = \sqrt{64} = 8 \text{〔mH〕} \qquad \cdots\cdots(2)$$

$$L_{ad} = L_A + L_B - 2M \qquad \cdots\cdots(3)$$

式(3)に，$L_A = 16$〔mH〕，$L_B = 4$〔mH〕，$M = 8$〔mH〕を代入すると，

$$L_{ad} = 16 + 4 - 2 \times 8 = 20 - 16 = 4 \text{〔mH〕}$$

となる．

掛け算を先にして，足し算と引き算は後にするよ．

正答 1

例題－13 コイルの直列接続のインダクタンス（和動接続）の値を求める問題

図に示す回路において，コイルAの自己インダクタンスが8〔mH〕及びコイルBの自己インダクタンスが2〔mH〕であるとき，端子ab間の合成インダクタンスの値として，正しいものを下の番号から選べ．ただし，直列に接続されているコイルA及びコイルBの間の結合係数を0.6とする．

1　5.2〔mH〕
2　7.6〔mH〕
3　10.0〔mH〕
4　14.8〔mH〕
5　18.0〔mH〕

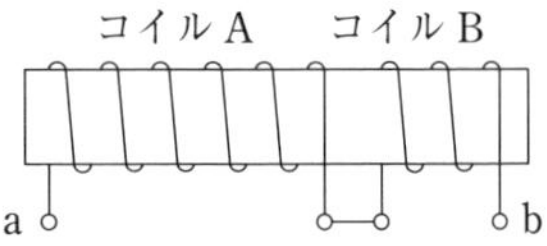

問題を解くヒント！

図1.9 の回路が和動接続か差動接続かを確認するため，a点から電流を流すと，電流の方向は矢印で示した方向に流れる．コイルAによる磁束Φ_A〔Wb〕とコイルBによる磁束Φ_B〔Wb〕が同一方向であるので，このコイルは「和動」接続である．

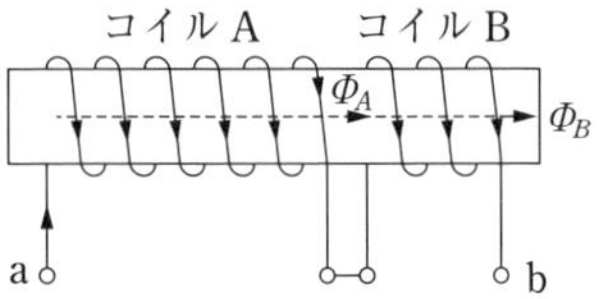

図1.9

磁束Φ_A，Φ_Bが同一方向になる結合を和動接続というよ．

使う公式

(1) コイルAの自己インダクタンスをL_A〔H〕，コイルBの自己インダクタンスをL_B〔H〕，結合係数をkとすると，相互インダクタンスM〔H〕は，次式で表される．

$$M = k\sqrt{L_A L_B}\ \text{〔H〕}$$

(2) 和動接続の場合，ab間の合成インダクタンスL_{ab}〔H〕は，次式で表される．

$$L_{ab} = L_A + L_B + 2M\ \text{〔H〕}$$

一般的な解き方！

相互インダクタンスをM〔H〕とすると，コイルAの自己インダクタンスL_Aは8〔mH〕=8×10^{-3}〔H〕，コイルBの自己インダクタンスL_Bは2〔mH〕=2×10^{-3}〔H〕，結合係数$k=0.6$であるので，

$$M=k\sqrt{L_AL_B}=0.6\sqrt{8\times10^{-3}\times2\times10^{-3}}=0.6\sqrt{16\times10^{-6}}$$
$$=0.6\times4\times10^{-3}=2.4\times10^{-3}\text{〔H〕}$$

ab間の合成インダクタンスL_{ab}〔H〕は，和動接続なので，次式で表される．

$$L_{ab}=L_A+L_B+2M \qquad \cdots\cdots(1)$$

式(1)に，$L_A=8\times10^{-3}$〔H〕，$L_B=2\times10^{-3}$〔H〕，$M=2.4\times10^{-3}$〔H〕を代入すると，

$$L_{ab}=8\times10^{-3}+2\times10^{-3}+2\times2.4\times10^{-3}$$
$$=10\times10^{-3}+4.8\times10^{-3}=14.8\times10^{-3}\text{〔H〕}=14.8\text{〔mH〕}$$

となる．

簡易的な解き方！

L_A，L_Bの単位がいずれも〔mH〕であるので，次のように10^{-3}を省略し，単位を〔mH〕のまま計算する．

相互インダクタンス〔H〕をMとすると，結合係数$k=0.6$であるので，

$$M=k\sqrt{L_AL_B}=0.6\sqrt{8\times2}=0.6\sqrt{16}=0.6\times4=2.4\text{〔mH〕}$$

ab間の合成インダクタンスL_{ab}〔H〕は，和動接続であるので，次式で表される．

$$L_{ab}=L_A+L_B+2M \qquad \cdots\cdots(1)$$

式(1)に，$L_A=8$〔mH〕，$L_B=2$〔mH〕，$M=2.4$〔mH〕を代入すると，

$$L_{ab}=8+2+2\times2.4=10+4.8=14.8\text{〔mH〕}$$

となる．

正答 4

例題－14　コイルの直列接続のインダクタンス（和動接続）の式を求める問題

図に示す回路において，コイルAの自己インダクタンスがL_1〔H〕及びコイルBの自己インダクタンスがL_2〔H〕であるとき，合成インダクタンスの式として，正しいものを下の番号から選べ．ただし，コイルの相互インダクタンスをM〔H〕とする．

1　L_1+L_2+2M
2　L_1+L_2-2M
3　L_1-L_2+2M
4　L_1-L_2-2M
5　$L_1+L_2-\sqrt{2}M$

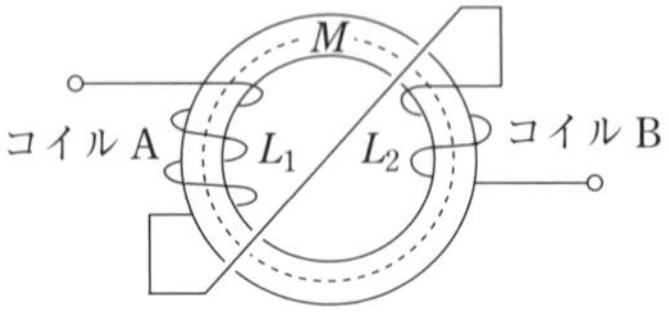

問題を解くヒント！

図 1.10 の回路が和動接続か差動接続かを確認するため，a 点から電流を流すと，電流の方向は矢印で示した方向に流れる．コイル A による磁束 Φ_A〔Wb〕とコイル B による磁束 Φ_B〔Wb〕が同一方向であるので，このコイルは「和動」接続である．

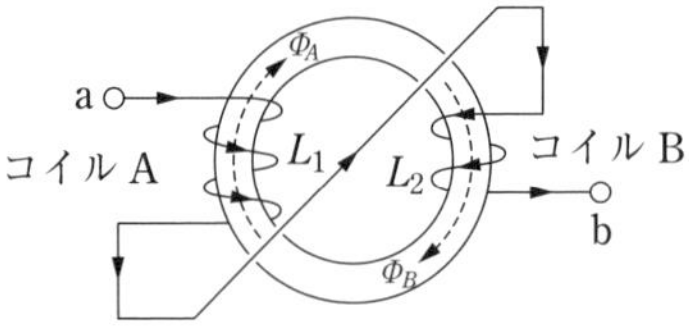

図 1.10

使う公式

コイル A の自己インダクタンスを L_1〔H〕，コイル B の自己インダクタンスを L_2〔H〕，相互インダクタンスを M〔H〕とすると，和動接続の場合，ab 間の合成インダクタンス L_{ab}〔H〕は，次式で表すことができる．

$$L_{ab}=L_1+L_2+2M \text{〔H〕}$$

一般的な解き方！

和動接続か差動接続かを確かめる．磁束 Φ_A〔Wb〕，Φ_B〔Wb〕が同一方向になる結合を和動接続といい，問題図の回路は和動接続なので，

$$L_1+L_2+2M \text{〔H〕}$$

となる．

磁束 Φ_A，Φ_B が逆方向になる結合を差動接続といい，その場合は，L_1+L_2-2M〔H〕で表されるよ．

正答 1

2 電気回路の計算問題を解く

例題－1 回路の合成抵抗を求める問題

次の記述は，図1に示す12個の抵抗からなる回路の端子ab間の合成抵抗の求め方について述べたものである．□内に入れるべき字句の正しい組合せを下の番号から選べ．ただし，各抵抗の値は，R〔Ω〕，$2R$〔Ω〕，$3R$〔Ω〕，$4R$〔Ω〕とする．

(1) 図1の回路は，図中の破線に対して左右対称である．回路中を流れる電流も左右対称になるので，図2に示す半分の回路の合成抵抗を求め，次に，全体の合成抵抗を求めればよい．

(2) 図2の端子cd間の合成抵抗は［A］〔Ω〕であるので，図2の端子ab間の合成抵抗は［B］〔Ω〕となる．

(3) したがって，図1の回路の端子ab間の全合成抵抗は［C］〔Ω〕となる．

	A	B	C
1	$2R$	$8R$	$4R$
2	$2R$	$16R$	$8R$
3	$4R$	$8R$	$4R$
4	$4R$	$10R$	$5R$
5	$6R$	$10R$	$5R$

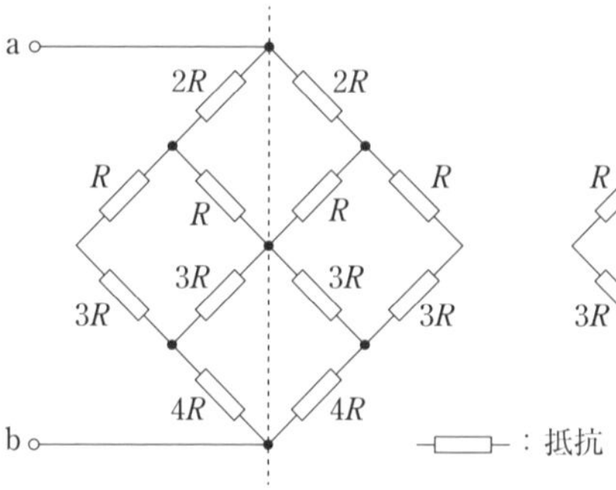

図1

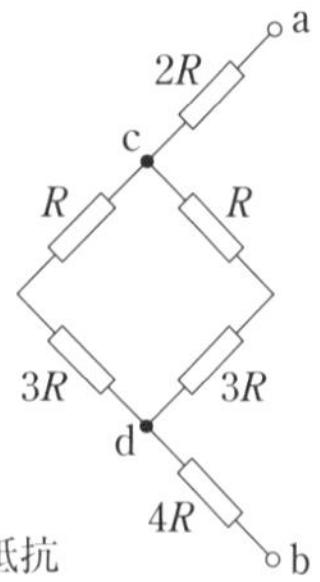

図2

問題を解くヒント！

抵抗の直並列計算を使って計算する．

使う公式

(1) 抵抗 R_1〔Ω〕と抵抗 R_2〔Ω〕の直列合成抵抗 R_S〔Ω〕は，次式で表される．

$$R_S = R_1 + R_2 \text{〔Ω〕} \quad \cdots\cdots ①$$

(2) 抵抗 R_1〔Ω〕と抵抗 R_2〔Ω〕の並列合成抵抗 R_P〔Ω〕は，次式で表される．

$$R_P = \frac{1}{\dfrac{1}{R_1} + \dfrac{1}{R_2}} = \frac{R_1 \times R_2}{R_1 + R_2} \text{〔Ω〕} \quad \cdots\cdots ②$$

(3) 抵抗 R_1〔Ω〕，抵抗 R_2〔Ω〕，抵抗 R_3〔Ω〕の並列合成抵抗 R_P〔Ω〕は，次式で表される．

$$R_P = \frac{1}{\dfrac{1}{R_1} + \dfrac{1}{R_2} + \dfrac{1}{R_3}} \text{〔Ω〕} \quad \cdots\cdots ③$$

抵抗が 3 個以上並列に接続される場合は，式③を使うよ．
抵抗が 2 個のときは，式②が便利だね．

一般的な解き方！

問題図 2 の cd 間の合成抵抗を R_{cd}〔Ω〕とすると，

$$R_{cd} = \frac{(R+3R)\times(R+3R)}{(R+3R)+(R+3R)} = \frac{4R\times4R}{4R+4R} = \frac{16R^2}{8R} = \underline{2R \text{〔Ω〕}}$$ A の答え

問題図 2 の ab 間の合成抵抗を R_{ab}〔Ω〕とすると，

$$R_{ab} = 2R + R_{cd} + 4R = 2R + 2R + 4R = \underline{8R \text{〔Ω〕}}$$ B の答え

問題図 1 の端子 ab 間の全合成抵抗を R_T〔Ω〕とすると，問題図 2 の合成抵抗 $R_{ab} = 8R$〔Ω〕が並列接続されていると考えることができるので，

$$R_T = \frac{8R\times8R}{8R+8R} = \frac{64R^2}{16R} = \underline{4R \text{〔Ω〕}}$$ C の答え

簡易的な解き方！

問題図 2 の cd 間の合成抵抗を R_{cd}〔Ω〕とすると，$(3R+R=)$ $4R$ の抵抗が並列接続されていると考えることができるので，R_{cd} は $4R$ の半分の <u>$2R$〔Ω〕</u>となる．

問題図 2 の ab 間の合成抵抗を R_{ab}〔Ω〕とすると，

$$R_{ab} = 2R + R_{cd} + 4R = 2R + 2R + 4R = \underline{8R \text{〔Ω〕}}$$

問題図 1 の端子 ab 間の全合成抵抗を R_T〔Ω〕とすると，問題図 2 の合成抵抗 $R_{ab} = 8R$ が並列接続されていると考えることができるので，R_T は $8R$ の半分の <u>$4R$〔Ω〕</u>となる．

同じ値の抵抗 R を 2 個並列に接続すると，半分の $R/2$ になるよ．

正答 1

例題－2　回路の合成抵抗の値を求める問題

図に示す抵抗R＝120〔Ω〕で作られた回路において，端子ab間の合成抵抗の値として，正しいものを下の番号から選べ.

1　90〔Ω〕
2　105〔Ω〕
3　120〔Ω〕
4　135〔Ω〕
5　150〔Ω〕

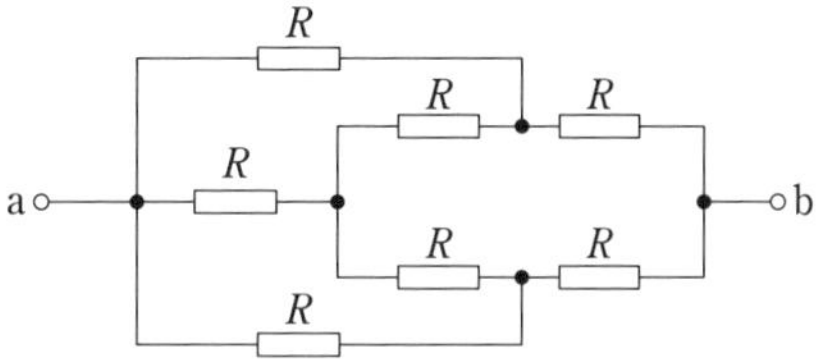

問題を解くヒント！

電気回路で電位が等しい箇所は電線で接続（短絡）してもよい.

使う公式

「例題－1」の合成抵抗を求める公式を使う.

一般的な解き方！

図2.1 のab間に電圧を加えたとき，回路が対称なのでc点とd点の電位は同じになり，c点とd点を短絡することができる．**図2.1** の破線部分の合成抵抗をそれぞれR_A，R_Bとすると，この回路は**図2.2** のように考えることができる.

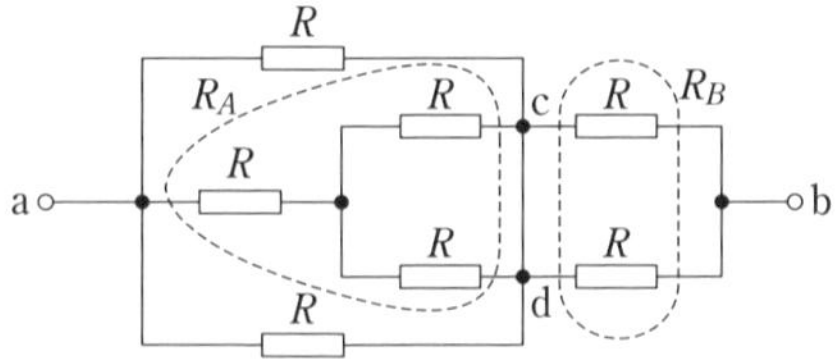

図2.1

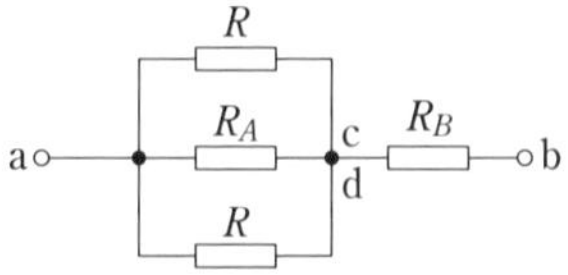

図2.2

図2.1 のR_A〔Ω〕は，直並列接続なので，

$$R_A = R + \frac{R \times R}{R + R} = R + \frac{R^2}{2R} = R + \frac{R}{2} = \frac{2R}{2} + \frac{R}{2} = \frac{3R}{2} \text{〔Ω〕}$$

図2.1 のR_B〔Ω〕は，並列接続なので，

$$R_B = \frac{R \times R}{R + R} = \frac{R^2}{2R} = \frac{R}{2} \text{〔}\Omega\text{〕}$$

図 2.2 の端子ab間の合成抵抗R_{ab}〔Ω〕は，直並列接続なので，

$$R_{ab} = \frac{1}{\dfrac{1}{R} + \dfrac{1}{R_A} + \dfrac{1}{R}} + R_B = \frac{1}{\dfrac{1}{R} + \dfrac{2}{3R} + \dfrac{1}{R}} + \frac{R}{2} = \frac{1}{\dfrac{3}{3R} + \dfrac{2}{3R} + \dfrac{3}{3R}} + \frac{R}{2}$$

$$= \frac{1}{\dfrac{8}{3R}} + \frac{R}{2} = \frac{3R}{8} + \frac{R}{2} = \frac{3R}{8} + \frac{4R}{8} = \frac{7R}{8} \text{〔}\Omega\text{〕}$$

$R_A = \dfrac{3R}{2}$ のとき，$\dfrac{1}{R_A} = \dfrac{2}{3R}$ だよ．
$\dfrac{1}{\dfrac{8}{3R}} = \dfrac{3R}{8}$ だね．

題意より，$R = 120$〔Ω〕であるから，

$$R_{ab} = \frac{7R}{8} = \frac{7 \times 120}{8} = \frac{840}{8} = 105 \text{〔}\Omega\text{〕}$$

となる．

正答 2

例題－3　ブリッジ回路全体に流れる電流の値を求める問題

図に示す回路において，電流 I の値として，正しいものを下の番号から選べ．

1　0.24〔A〕
2　0.32〔A〕
3　0.38〔A〕
4　0.42〔A〕
5　0.48〔A〕

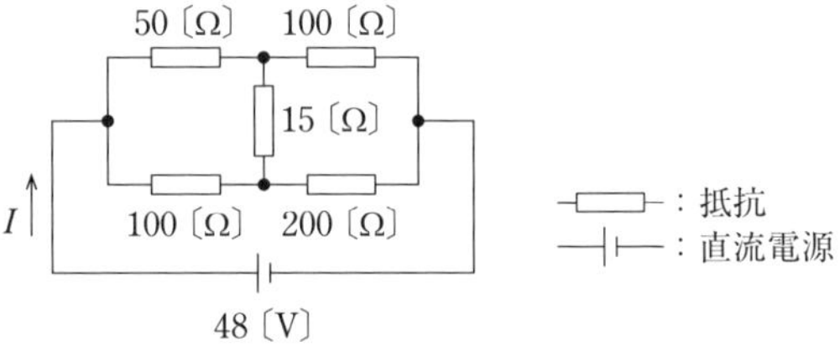

問題を解くヒント！

この回路は，ブリッジ回路で平衡していることに注目する．ブリッジ回路が平衡しているとき，真ん中の15〔Ω〕の抵抗を取り外す（無視する）ことができる．

使う公式

(1) **図 2.3** のブリッジ回路において，平衡条件$R_A R_D = R_B R_C$を満たしているとき，a点とb点の電圧は同じになる．

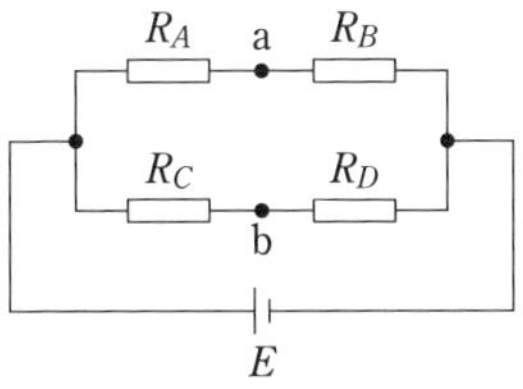

図 2.3

(2)「例題－1」の合成抵抗を求める公式を使う．

(3) 電流を I〔A〕，電圧を V〔V〕，抵抗を R〔Ω〕とすると，オームの法則より次式が成立する．

$$I=\frac{V}{R}\text{〔A〕}\quad,\quad V=IR\text{〔V〕}\quad,\quad R=\frac{V}{I}\text{〔Ω〕}$$

一般的な解き方！

50〔Ω〕×200〔Ω〕=100〔Ω〕×100〔Ω〕であるので，ブリッジ回路が平衡している．したがって，真ん中の 15〔Ω〕の抵抗を取り外す（無視する）ことができ，この回路は**図 2.4** のようになる．

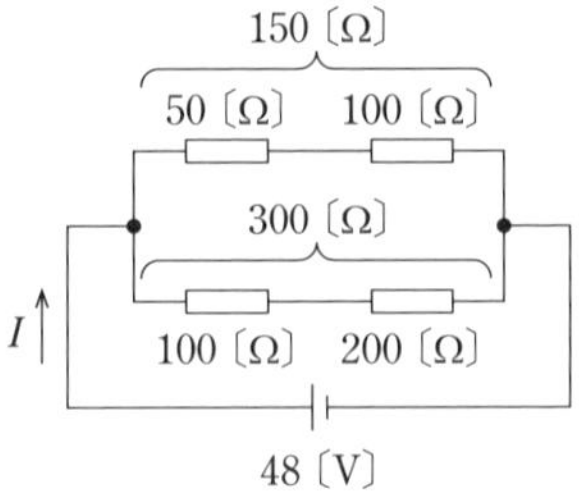

図 2.4

回路の合成抵抗を R_T〔Ω〕とすると，

$$R_T=\frac{(50+100)\times(100+200)}{(50+100)+(100+200)}=\frac{150\times300}{150+300}=\frac{45{,}000}{450}=100\text{〔Ω〕}$$

よって，電圧を $V=48$〔V〕とすると，回路を流れる電流 I〔A〕は，オームの法則より，

$$I=\frac{V}{R_T}=\frac{48}{100}=0.48\text{〔A〕}$$

となる．

正答 5

例題－4　スイッチを開閉したとき，回路に流れる電流を2倍にする抵抗の値を求める問題

図に示す直流回路において，スイッチSを開いたとき，直流電源からI〔A〕の電流が流れた．Sを閉じたとき直流電源から$2I$〔A〕の電流を流すための抵抗R_xの値として，正しいものを下の番号から選べ．

1　4〔Ω〕
2　6〔Ω〕
3　12〔Ω〕
4　24〔Ω〕

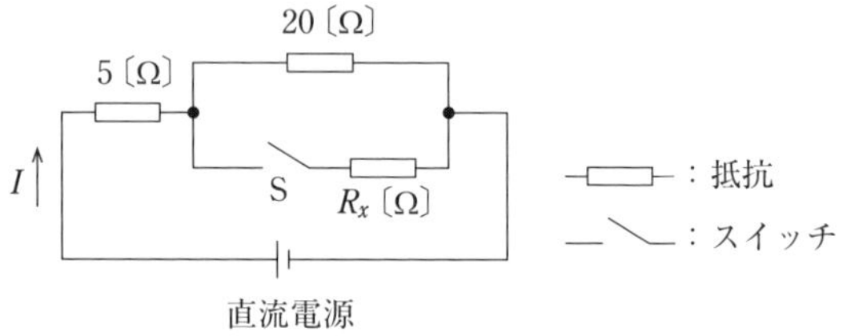

問題を解くヒント！

(1) スイッチSを開いたときと，閉じたときの方程式を立てる．
(2) スイッチSを開いたとき，5〔Ω〕と20〔Ω〕の抵抗は直列接続となる．
(3) スイッチSを閉じたとき，20〔Ω〕とR_x〔Ω〕の抵抗は並列接続となる．

使う公式

(1)「例題－1」の合成抵抗を求める公式を使う．
(2)「例題－3」のオームの法則を使う．

一般的な解き方！

直流電源の電圧をV〔V〕とすると，スイッチSを開いたときにI〔A〕の電流を流すと，抵抗は5〔Ω〕と20〔Ω〕の直列接続となるので，次式が成立する．

$$V = I(5+20) = 25I \qquad \cdots\cdots(1)$$

次にスイッチSを閉じたときに$2I$〔A〕の電流を流すと，次式が成立する．

$$V = 2I\left(5+\frac{20\times R_x}{20+R_x}\right) = \left(10+\frac{40\times R_x}{20+R_x}\right)I$$

10に$\dfrac{20+R_x}{20+R_x}$を掛けて計算するよ．

$$= \left(\frac{200+10R_x+40R_x}{20+R_x}\right)I = \left(\frac{200+50R_x}{20+R_x}\right)I \qquad \cdots\cdots(2)$$

式(1)＝式(2)であるから，次式が成立する．

$$25I = \left(\frac{200+50R_x}{20+R_x}\right)I \qquad \cdots\cdots(3)$$

式(3)より，

$$25\,(20+R_x)=200+50R_x$$

$$500+25R_x=200+50R_x$$

$$25R_x=300$$

よって，

$$R_x=\frac{300}{25}=12\ 〔\Omega〕$$

となる．

簡易的な解き方！

スイッチSを開いたときの回路の合成抵抗が $5+20=25$〔Ω〕で，電流が I〔A〕である．スイッチSを閉じたときに $2I$〔A〕の電流を流すには，回路の合成抵抗を25〔Ω〕の半分の12.5〔Ω〕にすればよいので，次式が成り立つ．

$$5+\frac{20R_x}{20+R_x}=12.5 \qquad \cdots\cdots(1)$$

式(1)より，

$$\frac{20R_x}{20+R_x}=12.5-5=7.5 \qquad \cdots\cdots(2)$$

式(2)より，

$$20R_x=7.5\,(20+R_x) \qquad \cdots\cdots(3)$$

式(3)より，

$$20R_x=150+7.5R_x$$

$$12.5R_x=150$$

よって，

$$R_x=\frac{150}{12.5}=12\ 〔\Omega〕$$

となる．

オームの法則より，電流 I と抵抗 R は反比例するよ．
だから，電流を2倍にすると抵抗は半分になるね．

正答 3

例題－5　複数の電源と抵抗の回路の電圧の値を求める問題

図に示す直流回路において，直流電流 I_1 の値が 3〔mA〕のとき，直流電圧 V_3 の値として，正しいものを下の番号から選べ．

1　2〔V〕
2　3〔V〕
3　4〔V〕
4　6〔V〕
5　8〔V〕

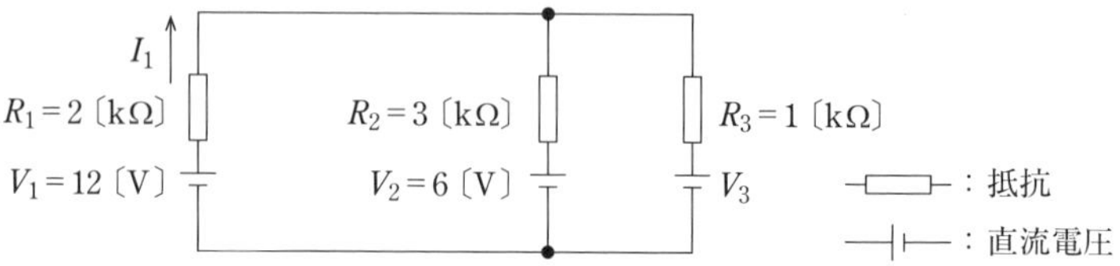

問題を解くヒント！

(1) キルヒホッフの法則で解く場合，右回りの電流をプラスとして方程式を立てる．
(2) ミルマンの定理で解く場合，電圧源を電流源に変換する．

使う公式

(1) キルヒホッフの法則を使う．

キルヒホッフの法則には，「電流則」と「電圧則」がある．

・キルヒホッフの電流則

回路の接続点に流れ込む電流と流れ出す電流の和は 0 になる．ただし，接続点に流れ込む方向をプラス，流れ出す方向をマイナスとする．**図 2.5** においては，

$$I_1-I_2-I_3=0$$

となる．

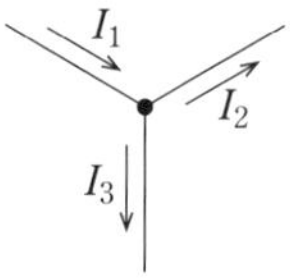

図 2.5

・キルヒホッフの電圧則

任意の閉回路において，起電力の和は電圧降下の和に等しい．**図 2.6** においては，

$$V_1+V_2=R_1I_1+R_2I_2$$

となる．

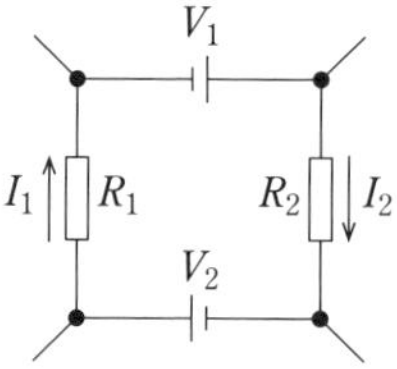

図 2.6

図 2.7 に示すように，閉回路の電流を決めるとき，右回りをプラスに決めるとわかりやすい．I_1 ループでは，起電力の和は，V_1-V_2 となり，電圧降下の和は，$R_1I_1+R_2(I_1-I_2)$ となる．これらが等しいので，次式が成立する．

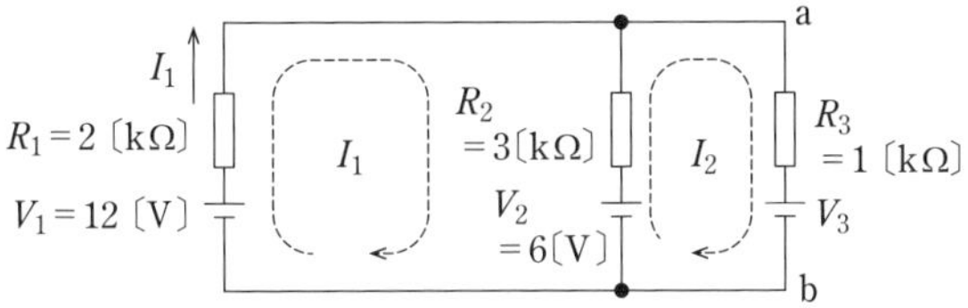

図 2.7

$$V_1-V_2=R_1I_1+R_2(I_1-I_2) \qquad \cdots\cdots ①$$

I_2 ループでは，起電力の和は，V_2-V_3 となり，電圧降下の和は，$R_3I_2+R_2(I_2-I_1)$ となる．これらが等しいので，次式が成立する．

$$V_2-V_3=R_3I_2+R_2(I_2-I_1) \qquad \cdots\cdots ②$$

式①と式②の連立方程式を解けば，電流 I_1 と電流 I_2 をそれぞれ求めることができる．

(2) ミルマンの定理を使う．

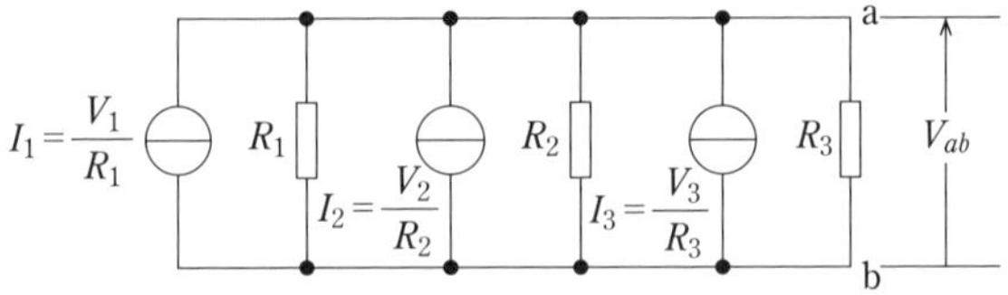

図 2.8

電圧源表示された**図 2.7** は電流源表示の**図 2.8** のように書き換えることができる．**図 2.8** の三つの電流源を一つにまとめた電流を I とすると，

$$I=I_1+I_2+I_3=\frac{V_1}{R_1}+\frac{V_2}{R_2}+\frac{V_3}{R_3} \qquad \cdots\cdots ①$$

三つの並列合成抵抗を R とすると，

$$R=\frac{1}{\dfrac{1}{R_1}+\dfrac{1}{R_2}+\dfrac{1}{R_3}} \qquad \cdots\cdots ②$$

式①と式②の値で電流源表示すると，**図 2.9** のようになり，ab 間の電圧 V_{ab} は，次式で表される．

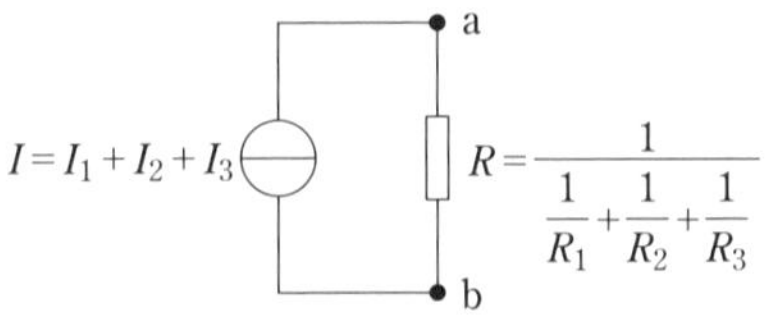

図 2.9

$$V_{ab} = IR = \frac{\dfrac{V_1}{R_1} + \dfrac{V_2}{R_2} + \dfrac{V_3}{R_3}}{\dfrac{1}{R_1} + \dfrac{1}{R_2} + \dfrac{1}{R_3}} \qquad \cdots\cdots ③$$

式③をミルマンの定理という.

一般的な解き方！

・キルヒホッフの法則を使った解き方

図 2.7 のように電流I_1，電流I_2が右回りに流れていると仮定すると，I_1 ループでは次式が成立する.

$$V_1 - V_2 = R_1 I_1 + R_2 (I_1 - I_2) \qquad \cdots\cdots(1)$$

式(1)を変形すると，

$$V_1 - V_2 = (R_1 + R_2) I_1 - R_2 I_2 \qquad \cdots\cdots(2)$$

式(2)に題意の数値を代入すると，

$$12 - 6 = (2\times10^3 + 3\times10^3)\times3\times10^{-3} - 3\times10^3 I_2 \qquad \cdots\cdots(3)$$

式(3)を整理すると，

$$3\times10^3 I_2 = 15 - 12 + 6 \qquad \cdots\cdots(4)$$

よって，

$$I_2 = \frac{15 - 12 + 6}{3\times10^3} = \frac{9}{3\times10^3} = 3\times10^{-3}\ 〔\mathrm{A}〕 \qquad \cdots\cdots(5)$$

$I_1 = 3$〔mA〕なので，$I_1 = I_2$ となる.

次に，I_2 ループでは次式が成立する.

$$V_2 - V_3 = R_3 I_2 + R_2 (I_2 - I_1) \qquad \cdots\cdots(6)$$

式(6)を変形すると，

$$V_2 - V_3 = -R_2 I_1 + (R_2 + R_3) I_2 \qquad \cdots\cdots(7)$$

式(7)に題意の数値を代入すると，

$$6 - V_3 = -3\times10^3\times3\times10^{-3} + (3\times10^3 + 1\times10^3)\times3\times10^{-3} \qquad \cdots\cdots(8)$$

式(8)より，

$$6 - V_3 = -9 + 12$$

よって，

$$V_3 = 6 + 9 - 12 = 3\ 〔\mathrm{V}〕$$

となる.

・ミルマンの定理を使った解き方

図 2.7 の ab 間の電圧を V_{ab} とすると，

$$V_{ab}=V_1-I_1R_1=12-3\times10^{-3}\times2\times10^3=12-6=6\ 〔\mathrm{V}〕 \qquad \cdots\cdots(1)$$

ミルマンの定理により，次式が成立する．

$$V_{ab}=\frac{\dfrac{V_1}{R_1}+\dfrac{V_2}{R_2}+\dfrac{V_3}{R_3}}{\dfrac{1}{R_1}+\dfrac{1}{R_2}+\dfrac{1}{R_3}} \qquad \cdots\cdots(2)$$

式(2)の分母を計算すると，

$$\frac{1}{R_1}+\frac{1}{R_2}+\frac{1}{R_3}=\frac{1}{2\times10^3}+\frac{1}{3\times10^3}+\frac{1}{1\times10^3}$$

$$=\frac{3+2+6}{6\times10^3}=\frac{11}{6\times10^3} \qquad \cdots\cdots(3)$$

式(2)の分子を計算すると，

$$\frac{V_1}{R_1}+\frac{V_2}{R_2}+\frac{V_3}{R_3}=\frac{12}{2\times10^3}+\frac{6}{3\times10^3}+\frac{V_3}{1\times10^3}$$

$$=\frac{36+12+6V_3}{6\times10^3}=\frac{48+6V_3}{6\times10^3} \qquad \cdots\cdots(4)$$

式(1)，式(3)，式(4)を式(2)に代入すると，

$$6=\frac{\dfrac{48+6V_3}{6\times10^3}}{\dfrac{11}{6\times10^3}}=\frac{48+6V_3}{11} \qquad \cdots\cdots(5)$$

式(5)より，

$$66=48+6V_3 \qquad 6V_3=66-48$$

よって，

$$V_3=\frac{66-48}{6}=\frac{18}{6}=3\ 〔\mathrm{V}〕$$

となる．

キルヒホッフの法則，ミルマンの定理，どちらを使っても解けるけど，計算が楽なミルマンの定理を使うほうがオススメだよ．

正答 2

参考

(1) 定電圧源

理想的な定電圧源は外部に接続する抵抗の値が変化しても，端子電圧が一定の電源である．しかし，実際の電圧源は内部抵抗R_Sを持っており，**図 2.10 (a)** のように表す．

(2) 定電流源

定電流源は外部に接続する抵抗の値が変化しても，端子電流が一定の電源である．理

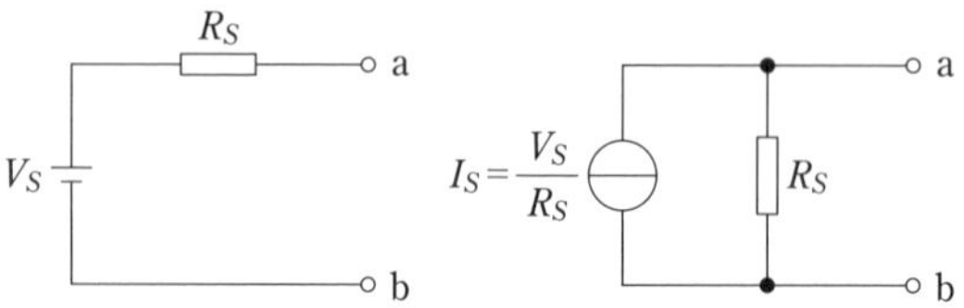

(a) 電圧源　　(b) 電流源

図 2.10　電圧源と電流源

想的な定電流源の内部抵抗は無限大であるが，実際の電流源では電流源に並列に抵抗 R_S を接続し，**図 2.10 (b)** のように表す．

(3) 電圧源と電流源の等価変換

図 2.10 (a) (b) の内部抵抗を持つ電圧源と電流源は，端子 ab から見たとき，互いに同じ働きをする回路に変換することができる．**図 2.10 (a) (b)** の回路で，「内部抵抗が等しいこと」，「開放電圧が等しいこと又は短絡電流が等しいこと」の性質を持つとき，これらの回路は互いに等価であるという．

電圧源を電流源に変換する例を**図 2.11** に示す．電流源の抵抗は電圧源の抵抗と同じ 2〔Ω〕で，電流値は電圧源の値からオームの法則で求め，12/2 = 6〔A〕になる．

電流源を電圧源に変換する例を**図 2.12** に示す．電圧源の抵抗は電流源の抵抗と同じ 5〔Ω〕で，電圧値は電流源の値からオームの法則で求め，3 × 5 = 15〔V〕になる．

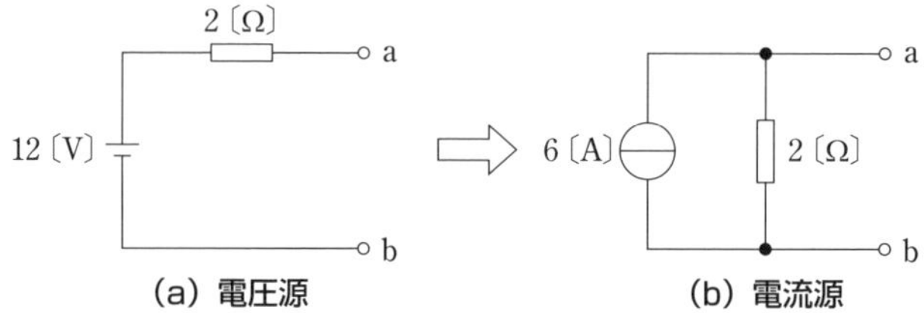

(a) 電圧源　　(b) 電流源

図 2.11　電圧源から電流源の変換例

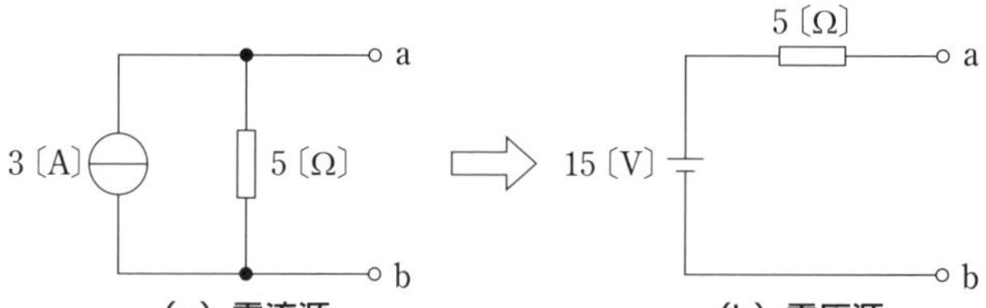

(a) 電流源　　(b) 電圧源

図 2.12　電流源から電圧源の変換例

例題－6　複数の電源と抵抗の回路の枝路電流の値を求める問題

図に示す直流回路において，抵抗R_3〔Ω〕に流れる電流〔A〕の値として，正しいものを下の番号から選べ．

1　0.25〔A〕
2　0.50〔A〕
3　1.00〔A〕
4　1.25〔A〕
5　1.50〔A〕

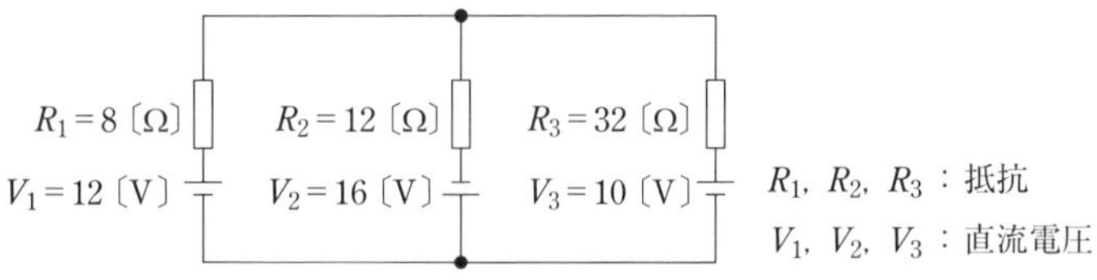

問題を解くヒント！

電圧源を電流源に変換し，ミルマンの定理を使うと計算が楽になる．

使う公式

「例題－5」のミルマンの定理，又はキルヒホッフの法則を使う．

一般的な解き方！

・ミルマンの定理を使用した解き方

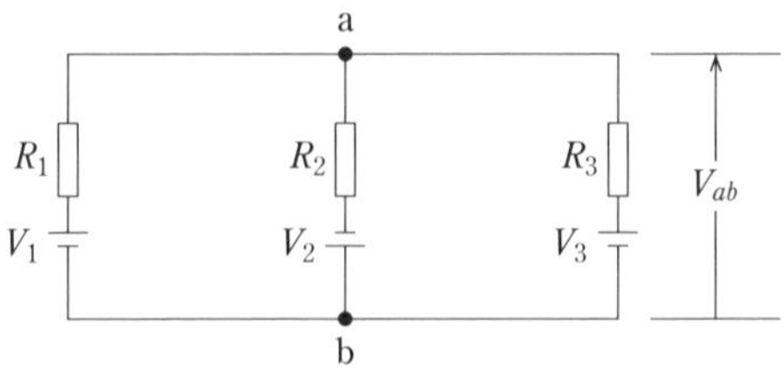

図 2.13

図 2.13 の ab 間の電圧を V_{ab} とすると，ミルマンの定理により，次式が成立する．

$$V_{ab} = \frac{\dfrac{V_1}{R_1} - \dfrac{V_2}{R_2} + \dfrac{V_3}{R_3}}{\dfrac{1}{R_1} + \dfrac{1}{R_2} + \dfrac{1}{R_3}} \quad \cdots\cdots(1)$$

$\dfrac{V_2}{R_2}$ のマイナス記号は V_2 の向きを表すよ．電池の向きに注意してね．

式(1)に題意の数値を代入すると，

$$V_{ab}=\frac{\dfrac{12}{8}-\dfrac{16}{12}+\dfrac{10}{32}}{\dfrac{1}{8}+\dfrac{1}{12}+\dfrac{1}{32}}=\frac{\dfrac{144-128+30}{96}}{\dfrac{12+8+3}{96}}=\frac{\dfrac{46}{96}}{\dfrac{23}{96}}=\frac{46}{23}=2\,〔\mathrm{V}〕\cdots\cdots(2)$$

V_{ab} が 2〔V〕になるには，抵抗 R_3 で電圧が 8〔V〕降下することなので，抵抗 R_3 に流れる電流 I〔A〕は，

$$I=\frac{8}{R_3}=\frac{8}{32}=0.25\,〔\mathrm{A}〕$$

となる．

・キルヒホッフの法則を使用した解き方

図 2.14 に示すように，電流 I_1，電流 I_2 が右回りに流れていると仮定すると，I_1 ループでは次式が成り立つ．

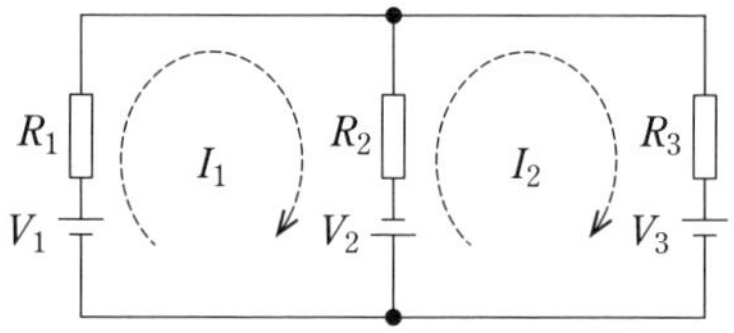

図 2.14

$$V_1+V_2=R_1I_1+R_2(I_1-I_2) \qquad \cdots\cdots(1)$$

式(1)を変形すると，

$$V_1+V_2=(R_1+R_2)I_1-R_2I_2 \qquad \cdots\cdots(2)$$

式(2)に題意の数値を代入して整理すると，

$$28=20I_1-12I_2 \qquad \cdots\cdots(3)$$

次に，I_2 ループでは次式が成り立つ．

$$-V_2-V_3=R_3I_2+R_2(I_2-I_1) \qquad \cdots\cdots(4)$$

式(4)を変形すると，

$$-V_2-V_3=-R_2I_1+(R_2+R_3)I_2 \qquad \cdots\cdots(5)$$

式(5)に題意の数値を代入して整理すると，

$$-26=-12I_1+44I_2 \qquad \cdots\cdots(6)$$

式(3)より，

$$I_1=\frac{28+12I_2}{20}=\frac{7+3I_2}{5} \qquad \cdots\cdots(7)$$

式(7)を式(6)に代入すると，

$$-26=-12\times\frac{7+3I_2}{5}+44I_2 \qquad \cdots\cdots(8)$$

式(8)の両辺に5を掛けると，

$$-130=-84-36I_2+220I_2 \qquad \cdots\cdots(9)$$

式(9)より，

$$184I_2=-46$$

$$I_2=-\frac{46}{184}=-0.25\ \text{〔A〕}$$

よって，抵抗R_3に流れる電流は，下から上方向に0.25〔A〕が流れる．

マイナスは最初決めた右回りの電流と真の電流の向きは逆であることを意味するよ．

正答 1

例題－7　未知の抵抗の値を求める問題

図に示す回路において，スイッチSWをa，b，cの順に切り替えたところ，直流電流計は，それぞれ15〔mA〕，5〔mA〕及び1〔mA〕を指示した．このときの抵抗R_Cの値として，正しいものを下の番号から選べ．ただし，直流電流計の内部抵抗は無視するものとする．

1　8〔kΩ〕
2　16〔kΩ〕
3　28〔kΩ〕
4　32〔kΩ〕
5　56〔kΩ〕

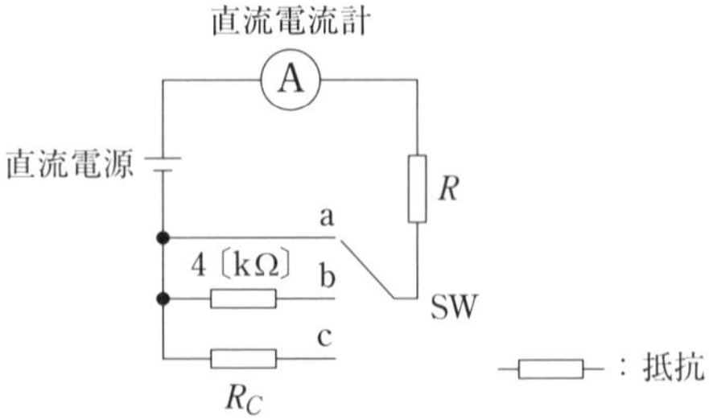

問題を解くヒント！

スイッチSWをa，b，cに切り替えたとき，それぞれオームの法則を使って式を立てる．

使う公式

「例題－3」のオームの法則を使う.

一般的な解き方！

直流電源の電圧を V〔V〕とすると，スイッチ SW を a に切り替えたとき，流れる電流は 15〔mA〕$=15\times10^{-3}$〔A〕$=0.015$〔A〕なので，次式が成立する.

$$V=0.015R \qquad \cdots\cdots(1)$$

スイッチ SW を b に切り替えたとき，流れる電流は 5〔mA〕$=5\times10^{-3}$〔A〕$=0.005$〔A〕，抵抗は 4〔kΩ〕$=4\times10^{3}$〔Ω〕$=4{,}000$〔Ω〕なので，次式が成立する.

$$V=0.005(R+4{,}000) \qquad \cdots\cdots(2)$$

スイッチ SW を c に切り替えたとき，流れる電流は 1〔mA〕$=1\times10^{-3}$〔A〕$=0.001$〔A〕なので，次式が成立する.

$$V=0.001(R+R_C) \qquad \cdots\cdots(3)$$

式(1)＝式(2)より，

$$0.015R=0.005(R+4{,}000)$$

$$0.015R=0.005R+20$$

$$0.01R=20$$

$$R=\frac{20}{0.01}=2{,}000\ 〔\Omega〕 \qquad \cdots\cdots(4)$$

$R=2{,}000$〔Ω〕を式(1)に代入すると，

$$V=0.015R=0.015\times2{,}000=30\ 〔\mathrm{V}〕$$

$R=2{,}000$〔Ω〕，$V=30$〔V〕を式(3)に代入して R_C を求めると，

$$30=0.001(2{,}000+R_C)$$

$$30=2+0.001R_C$$

よって，

$$R_C=\frac{30-2}{0.001}=\frac{28}{0.001}=28{,}000\ 〔\Omega〕=28\times10^{3}\ 〔\Omega〕=28\ 〔\mathrm{k\Omega}〕$$

となる.

簡易的な解き方！

電流の単位〔mA〕の 10^{-3}，抵抗の単位〔kΩ〕の 10^{3} を省略して計算し，抵抗の答えを〔kΩ〕にする.

直流電源の電圧を V〔V〕とすると，スイッチ SW を a に切り替えたとき，流れる電流

は 15〔mA〕なので，次式が成立する．

$V = 15R$　　　　……(1)

スイッチ SW を b に切り替えたとき，流れる電流は 5〔mA〕，抵抗は 4〔kΩ〕なので，次式が成立する．

$V = 5(R + 4)$　　　　……(2)

スイッチ SW を c に切り替えたとき，流れる電流は 1〔mA〕なので，次式が成立する．

$V = 1(R + R_C)$　　　　……(3)

式(1) = 式(2) より，

$15R = 5\,(R + 4)$

$15R = 5R + 20$

$10R = 20$

$R = \dfrac{20}{10} = 2$　　　　……(4)

$R = 2$ を式(1)に代入すると，

$V = 15R = 15 \times 2 = 30$〔V〕

$R = 2$，$V = 30$〔V〕を式(3)に代入して R_C を求めると，

$30 = 1(2 + R_C)$

$30 = 2 + R_C$

よって，

$R_C = 30 - 2 = 28$〔kΩ〕

となる．

正答 3

例題－8　π形抵抗減衰器の減衰量の値を求める問題

図に示すπ形抵抗減衰器（アッテネータ）の減衰量Lの値として，最も近いものを下の番号から選べ．ただし，減衰量Lは，減衰器の入力電力をP_1，出力電力をP_2とすると，次式で表されるものとする．また，$\log_{10}2 \fallingdotseq 0.3$とする．

$$L = 10\log_{10}\frac{P_1}{P_2}\ \text{〔dB〕}$$

1　6〔dB〕
2　9〔dB〕
3　12〔dB〕
4　16〔dB〕
5　20〔dB〕

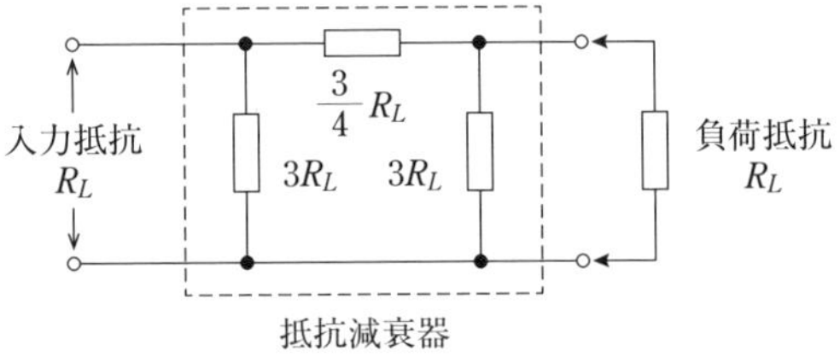

問題を解くヒント！

入力電圧をV_1として出力電圧V_2を求める．

使う公式

(1)「例題－1」の合成抵抗を求める公式を使う．

(2)「例題－3」のオームの法則を使う．

(3) 入力電圧をV_1〔V〕，出力電圧をV_2〔V〕とすると，入力抵抗，負荷抵抗ともR_L〔Ω〕であるので，入力電力P_1〔W〕，出力電力P_2〔W〕は，次式で表される．

$$P_1 = \frac{V_1^2}{R_L}\ \text{〔W〕} \quad , \quad P_2 = \frac{V_2^2}{R_L}\ \text{〔W〕}$$

(4) 電気電子回路では，二つの量を比較するのに〔dB〕(デシベル) という単位が使われる．入力電力P_1〔W〕と出力電力P_2〔W〕を比較するのに，P_1〔W〕とP_2〔W〕の比の対数をとった量を〔B〕(ベル) という．

$$\log_{10}\frac{P_2}{P_1}\ \text{〔B〕} \qquad \cdots\cdots ①$$

式①の数値では実用的には小さ過ぎるため，次のような〔B〕の値を10倍した〔dB〕(デシベル) が使われる．

$$10\log_{10}\frac{P_2}{P_1}\ \text{〔dB〕} \qquad \cdots\cdots ②$$

式②を入力電圧 V_1〔V〕と出力電圧 V_2〔V〕で表す．入力抵抗及び出力抵抗を R とすると，次式が成立する．

$$P_1 = \frac{{V_1}^2}{R} \qquad \cdots\cdots ③$$

$$P_2 = \frac{{V_2}^2}{R} \qquad \cdots\cdots ④$$

式③，式④を式②に代入すると，

$$10 \log_{10} \frac{P_2}{P_1} = 10 \log_{10} \frac{\dfrac{{V_2}^2}{R}}{\dfrac{{V_1}^2}{R}} = 10 \log_{10} \left(\frac{V_2}{V_1}\right)^2$$

$$= 20 \log_{10} \frac{V_2}{V_1}\ \text{〔dB〕} \qquad \cdots\cdots ⑤$$

(5)　$y = \log_a x$（$a > 0$，$a \neq 1$）を，a を底とする x の対数関数という．

このとき，x を真数（$x > 0$）といい，底を 10 とする $y = \log_{10} x$ を常用対数という．

一アマの国家試験に必要な対数の公式を次に示す．

$$\log_{10} x^n = n \log_{10} x$$

$$\log_{10} xy = \log_{10} x + \log_{10} y$$

$$\log_{10} \frac{x}{y} = \log_{10} x - \log_{10} y$$

一般的な解き方！

図2.15の入力電圧を V_1〔V〕，負荷抵抗の両端の出力電圧を V_2〔V〕とし，破線で囲った部分の合成抵抗を R〔Ω〕とすると，

$$R = \frac{3R_L}{4} + \frac{3R_L \times R_L}{3R_L + R_L} = \frac{3R_L}{4} + \frac{3{R_L}^2}{4R_L} = \frac{3R_L}{4} + \frac{3R_L}{4} = \frac{3R_L}{2} \qquad \cdots\cdots (1)$$

$R\left(= \dfrac{3R_L}{2}\right)$ に流れる電流を I〔A〕とすると，

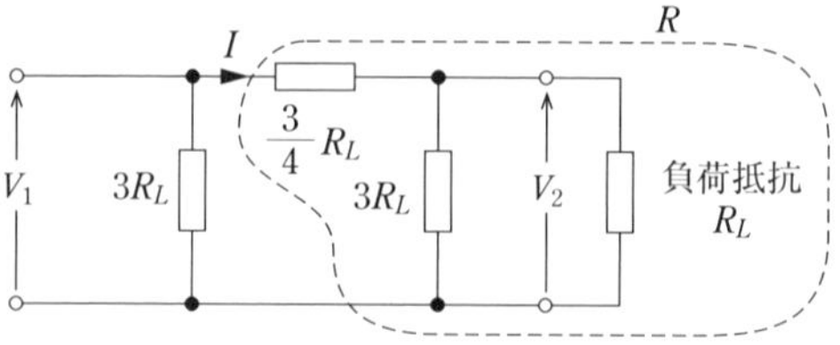

図 2.15

$$I=\frac{V_1}{R}=\frac{V_1}{\frac{3R_L}{2}}=\frac{2V_1}{3R_L} \quad \cdots\cdots(2)$$

負荷抵抗R_L〔Ω〕と$3R_L$〔Ω〕の合成並列抵抗は，

$$\frac{3R_L\times R_L}{3R_L+R_L}=\frac{3{R_L}^2}{4R_L}=\frac{3R_L}{4}$$

なので，出力電圧V_2〔V〕は，

$$V_2=I\times\frac{3R_L}{4}=\frac{2V_1}{3R_L}\times\frac{3R_L}{4}=\frac{V_1}{2} \quad \cdots\cdots(3)$$

式(3)より，$\dfrac{V_1}{V_2}=2$ ……(4)

入力抵抗，負荷抵抗ともR_Lであるので，入力電力をP_1〔W〕，出力電力をP_2〔W〕とすると，$P_1=\dfrac{{V_1}^2}{R_L}$ 及び $P_2=\dfrac{{V_2}^2}{R_L}$ が成立する．式(4)を題意の式に代入すると，

$$L=10\log_{10}\frac{P_1}{P_2}=10\log_{10}\frac{\frac{{V_1}^2}{R_L}}{\frac{{V_2}^2}{R_L}}=10\log_{10}\frac{{V_1}^2}{{V_2}^2}=10\log_{10}\left(\frac{V_1}{V_2}\right)^2$$

$$=2\times10\log_{10}\frac{V_1}{V_2}=20\log_{10}\frac{V_1}{V_2}=20\log_{10}2=20\times0.3=6\text{〔dB〕}$$

となる．

正答 1

例題－9 正弦波交流の時間差の値を求める問題

周波数50〔MHz〕の正弦波交流において，位相差5π/6〔rad〕に相当する時間差の値として，最も近いものを下の番号から選べ．

1 4.2〔ns〕
2 8.3〔ns〕
3 16.7〔ns〕
4 83.3〔ns〕
5 166.7〔ns〕

問題を解くヒント！

(1)　角度を表す単位に，〔°〕で表す「度数法」と〔rad〕(ラジアン）で表す「弧度法」がある．「度数法」は円周を360等分した弧の中心に対する角度で，「弧度法」は，**図2.16**のように円の半径r〔m〕に等しい弧の長さℓ〔m〕の弧の中心に対する角度である．

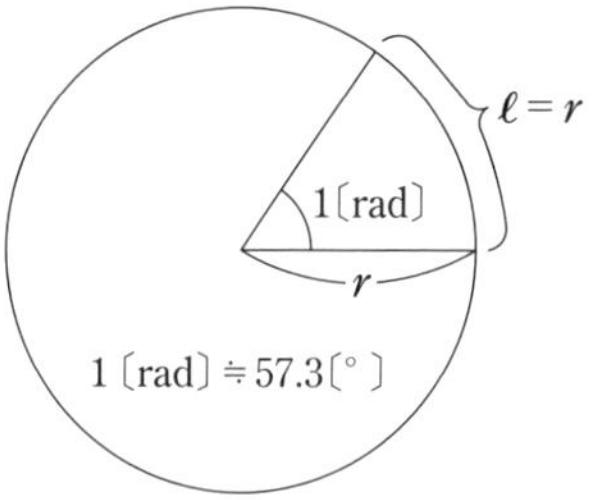

図2.16

度数法〔°〕と弧度法〔rad〕の関係を**表2.1**に示す．

表2.1

度数法〔°〕	0°	30°	45°	60°	90°	180°	270°	360°
弧度法〔rad〕	0	$\frac{\pi}{6}$	$\frac{\pi}{4}$	$\frac{\pi}{3}$	$\frac{\pi}{2}$	π	$\frac{3\pi}{2}$	2π

(2)　360〔°〕が2π〔rad〕であるので，1〔rad〕に対する度数をx〔°〕とすると，

$360:2\pi=x:1$が成立するので，

$$x=\frac{360\times 1}{2\pi}=\frac{360}{6.28}\fallingdotseq 57.3\ 〔°〕$$

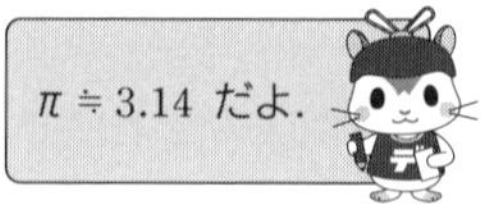

となる．

(3)　周波数50〔MHz〕の周期T〔s〕を求めて比例計算する．

使う公式

(1) 周期T〔s〕と周波数f〔Hz〕には，次の関係がある．

$$T=\frac{1}{f}\ 〔s〕\qquad,\qquad f=\frac{1}{T}\ 〔Hz〕$$

(2)　1周期は2π〔rad〕である．

一般的な解き方！

周波数 $f=50$〔MHz〕$=50\times10^{6}$〔Hz〕の周期を T〔s〕とすると，

$$T=\frac{1}{f}=\frac{1}{50\times10^{6}}\ \text{〔s〕} \qquad \cdots\cdots(1)$$

1 周期は 2π〔rad〕であるので，求める時間差を t〔s〕とすると，次式が成立する．

$$\frac{1}{50\times10^{6}}:2\pi=t:\frac{5\pi}{6} \qquad \cdots\cdots(2)$$

式(2)より，

$$2\pi t=\frac{1}{50\times10^{6}}\times\frac{5\pi}{6}=\frac{\pi}{6\times10^{7}} \qquad \cdots\cdots(3)$$

式(3)より時間差 t〔s〕を求めると，

$$t=\frac{1}{2\pi}\times\frac{\pi}{6\times10^{7}}=\frac{1}{12\times10^{7}}=\frac{1\times10^{-7}}{12}=\frac{1}{12}\times10^{-7}$$

$$\fallingdotseq0.083\times10^{-7}=8.3\times10^{-9}\ \text{〔s〕}=8.3\ \text{〔ns〕}$$

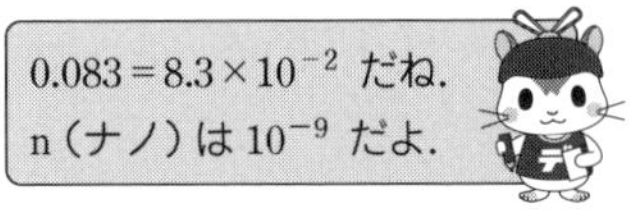

となる．

正答 2

例題－10 正弦波交流の位相差の値を求める問題

周波数 100〔MHz〕の正弦波交流において，0.005〔μs〕の時間差に相当する位相差の値として，正しいものを下の番号から選べ．

1　$\pi/6$〔rad〕

2　$\pi/4$〔rad〕

3　$\pi/3$〔rad〕

4　$\pi/2$〔rad〕

5　π〔rad〕

問題を解くヒント！

「例題－9」と考え方は同じで，この問題では位相差を求めることに注意する．正弦波のような周期的な現象で，原点がどこの位置にあるかを示すものを位相という．

使う公式

「例題－9」と同じ公式を使う．

一般的な解き方！

周波数 $f = 100$〔MHz〕$= 100 \times 10^6$〔Hz〕の周期を T〔s〕とすると，

$$T = \frac{1}{f} = \frac{1}{100 \times 10^6} = \frac{1}{10^8} = 10^{-8}\text{〔s〕} \quad \cdots\cdots(1)$$

式(1)の 10^{-8}〔s〕が 1 周期 $= 2\pi$〔rad〕であるので，0.005〔μs〕$= 0.005 \times 10^{-6}$〔s〕$= 0.5 \times 10^{-8}$〔s〕の時間差に相当する位相差を θ〔rad〕とすると，次式が成立する．

$$10^{-8} : 2\pi = 0.5 \times 10^{-8} : \theta \quad \cdots\cdots(2)$$

式(2)より，

$$\theta \times 10^{-8} = 2\pi \times 0.5 \times 10^{-8} \quad \cdots\cdots(3)$$

式(3)より位相差 θ〔rad〕を求めると，

$$\theta = \frac{2\pi \times 0.5 \times 10^{-8}}{10^{-8}} = \pi\text{〔rad〕}$$

となる．

θ はギリシャ文字で
「シータ」と読むよ．

簡易的な解き方！

周波数 $f = 100$〔MHz〕$= 100 \times 10^6$〔Hz〕の周期を T〔s〕とすると，

$$T = \frac{1}{f} = \frac{1}{100 \times 10^6} = \frac{1}{10^8} = 10^{-8}\text{〔s〕} \quad \cdots\cdots(1)$$

0.005〔μs〕は，

$$0.005 \times 10^{-6}\text{〔s〕} = 0.5 \times 10^{-8}\text{〔s〕} \quad \cdots\cdots(2)$$

式(1)の 10^{-8}〔s〕が 1 周期 $= 2\pi$〔rad〕であるので，式(2)の 0.5×10^{-8}〔s〕は式(1)の値の半分（0.5 倍）であるので，π〔rad〕となる．

正答 5

例題－11 正弦波交流の平均値，実効値，繰り返し周波数の値を求める問題

図に示す正弦波交流において，電圧の最大値 V_m が 47〔V〕のとき，平均値（正の半周期の平均）V_a，実効値 V_e 及び繰り返し周波数 f の値の組合せとして，最も近いものを下の番号から選べ．ただし，$\sqrt{2} \fallingdotseq 1.4$ とする．

	V_a	V_e	f
1	30〔V〕	34〔V〕	100〔Hz〕
2	30〔V〕	34〔V〕	200〔Hz〕
3	30〔V〕	40〔V〕	100〔Hz〕
4	34〔V〕	40〔V〕	200〔Hz〕
5	34〔V〕	44〔V〕	100〔Hz〕

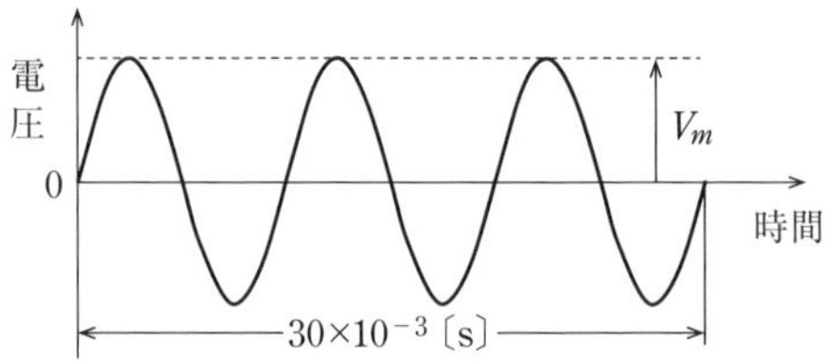

問題を解くヒント！

問題図の波形は3周期分であり，これから1周期を求める．30×10^{-3}〔s〕が3周期分なので，1周期は1/3の 10×10^{-3}〔s〕となる．

使う公式

(1) 正弦波交流電圧の最大値 V_m〔V〕と実効値 V_e〔V〕の関係は，次式で表される．

$$V_e = \frac{V_m}{\sqrt{2}} \text{〔V〕}$$

(2) 平均値を V_a〔V〕とすると，次式が成立する．

$$V_a = \frac{2V_m}{\pi} \text{〔V〕}$$

(3) 周期 T〔s〕と周波数 f〔Hz〕の関係は，次式で表される．

$$T = \frac{1}{f} \text{〔s〕} \quad , \quad f = \frac{1}{T} \text{〔Hz〕}$$

周期の単位〔s〕は秒を表すよ．

一般的な解き方！

電圧の最大値 $V_m = 47$〔V〕であるので，実効値 V_e〔V〕は，

$$V_e = \frac{V_m}{\sqrt{2}} = \frac{47}{\sqrt{2}} \fallingdotseq \frac{47}{1.4} \fallingdotseq 33.6 \fallingdotseq \underline{34 \text{〔V〕}}$$

題意より，$\sqrt{2} \fallingdotseq 1.4$ で計算するよ．

平均値 V_a〔V〕は,

$$V_a=\frac{2V_m}{\pi}=\frac{2\times 47}{3.14}=\frac{94}{3.14}\fallingdotseq 29.9\fallingdotseq \underline{30\text{〔V〕}}$$

$\pi\fallingdotseq 3.14$ だよ.

問題図の波形は3周期分で 30×10^{-3}〔s〕であるので,周期 T〔s〕は1/3の 10×10^{-3}〔s〕となる.よって,周波数 f〔Hz〕は,

$$f=\frac{1}{T}=\frac{1}{10\times 10^{-3}}=\frac{10^3}{10}=\underline{100\text{〔Hz〕}}$$

平均値は,実効値の約0.9倍になるので,33.6×0.9≒30〔V〕としてもいいよ.覚えておいてね.
この問題は,実効値と周波数を求めることができれば,平均値が分からなくても答えられるね.

正答 1

例題−12 並列共振回路が共振したときのコイルのインダクタンスの値を求める問題

図に示す回路が電源周波数 f に共振しているとき,ab間のインピーダンスが10〔kΩ〕であった.このときのインダクタンス L の値として,最も近いものを下の番号から選べ.ただし,抵抗 r の値は5〔Ω〕で,共振時の L のリアクタンスに比べて十分小さいものとする.

1　2〔μH〕
2　4〔μH〕
3　8〔μH〕
4　10〔μH〕
5　14〔μH〕

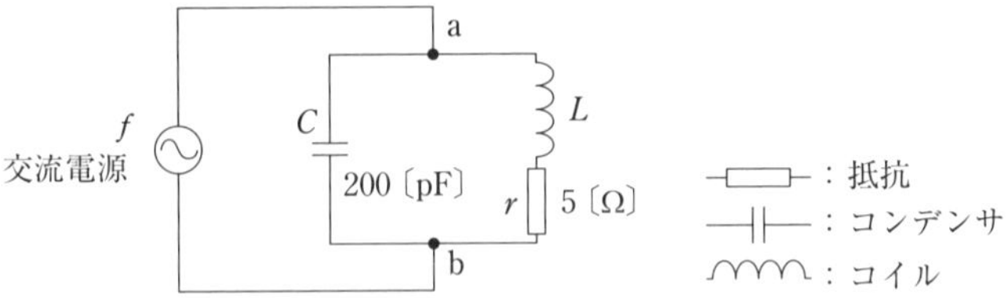

問題を解くヒント!

(1) 直流抵抗 r〔Ω〕は L のリアクタンス ωL〔Ω〕に比べ,十分小さい.

(2) 問題の並列回路は共振しており,共振の条件は,$\omega L=\dfrac{1}{\omega C}$〔Ω〕である.

使う公式

直流抵抗が r〔Ω〕,コイルのインダクタンスが L〔H〕,コンデンサの静電容量が C〔F〕の並列共振回路の共振時のインピーダンス Z〔Ω〕は,次式で表される.

$$Z = \frac{L}{Cr}\ 〔\Omega〕$$

一般的な解き方！

直流抵抗がr〔Ω〕，コイルのインダクタンスがL〔H〕，コンデンサの静電容量がC〔F〕の並列共振回路の共振時のインピーダンスZ〔Ω〕は，次式で表される．

$$Z = \frac{L}{Cr}\ 〔\Omega〕 \qquad \cdots\cdots(1)$$

式(1)を変形すると，

$$L = ZCr \qquad \cdots\cdots(2)$$

式(2)に，$Z=10$〔kΩ〕$=10\times10^3$〔Ω〕，$C=200$〔pF〕$=200\times10^{-12}$〔F〕，$r=5$〔Ω〕を代入すると，

$$L = ZCr = 10\times10^3\times200\times10^{-12}\times5 = 10\times1{,}000\times10^3\times10^{-12}$$

$$= 10\times10^3\times10^3\times10^{-12} = 10\times10^{-6}〔\mathrm{H}〕= 10〔\mu\mathrm{H}〕$$

となる．

$10^3\times10^3\times10^{-12}=10^{3+3+(-12)}=10^{-6}$ だよ．

正答 4

例題－13 RL 並列回路のRに流れる電流の値を求める問題

図に示す回路において，交流電源電圧$\dot{E}$が 100〔V〕，抵抗R_1が 10〔Ω〕，抵抗R_2が 10〔Ω〕及びコイルLのリアクタンスが 10〔Ω〕であるとき，R_2を流れる電流$\dot{I}$の値として，正しいものを下の番号から選べ．

1　$4+j\,2$〔A〕
2　$4-j\,2$〔A〕
3　$5+j\,4$〔A〕
4　$8+j\,4$〔A〕
5　$8-j\,4$〔A〕

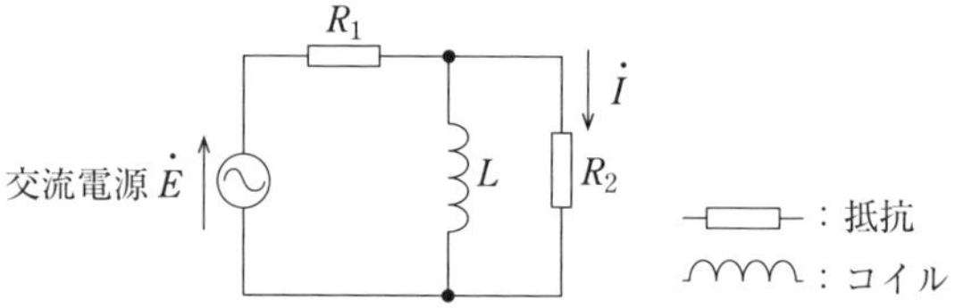

問題を解くヒント！

(1) コイルを $j\omega L = jX_L$ として計算すれば，抵抗だけの回路と同じ計算ができる．

(2) コイル L のリアクタンスが 10〔Ω〕ということは，$\omega L = X_L = 10$〔Ω〕ということである．

使う公式

(1) コイル L のリアクタンスを $\omega L = X_L$〔Ω〕，抵抗を R_1〔Ω〕，R_2〔Ω〕とすると，回路のインピーダンス $\dot{Z}$〔Ω〕は，次式で表される．

$$\dot{Z} = R_1 + \frac{R_2 \times jX_L}{R_2 + jX_L} \text{〔Ω〕}$$

$\dot{Z}$（ゼットドットと読む）は複素数を表すよ．

(2)「例題－3」のオームの法則を使う．

一般的な解き方！

コイル L のリアクタンスを $\omega L = X_L = 10$〔Ω〕，抵抗 $R_1 = 10$〔Ω〕，抵抗 $R_2 = 10$〔Ω〕とすると，回路のインピーダンス $\dot{Z}$〔Ω〕は，次式で表される．

$$\dot{Z} = R_1 + \frac{R_2 \times jX_L}{R_2 + jX_L} = 10 + \frac{10 \times j10}{10 + j10} = 10 + \frac{j10}{1 + j1} = 10 + \frac{j10(1 - j1)}{(1 + j1)(1 - j1)}$$

$$= 10 + \frac{j10 + 10}{2} = 10 + j5 + 5 = 15 + j5 \text{〔Ω〕}$$

分母を実数化するために分母と分子に $(1-j)$ を掛けるよ．
$(1+j1)(1-j1) = 1^2 - j^2 = 1 - (-1) = 1 + 1 = 2$ だね．
$(a+b)(a-b) = a^2 - b^2$，j は虚数で，$j^2 = -1$ だよ．

次に，回路を流れる電流を $\dot{I}_T$〔A〕として，$\dot{E} = 100$〔V〕，$\dot{Z} = 15 + j5$〔Ω〕を次式に代入すると，

$$\dot{I}_T = \frac{\dot{E}}{\dot{Z}} = \frac{100}{15 + j5} = \frac{20}{3 + j1} = \frac{20(3 - j1)}{(3 + j1)(3 - j1)} = \frac{20(3 - j1)}{10} = 2(3 - j1) \text{〔A〕}$$

R_2 に加わる電圧を $\dot{V}_{R2}$〔V〕とすると，

$$\dot{V}_{R2} = \dot{E} - \dot{I}_T R_1 = 100 - \{2(3 - j1) \times 10\} = 100 - 20(3 - j1) = 40 + j20 \text{〔V〕}$$

よって，R_2 に流れる電流 $\dot{I}$〔A〕は，

$$\dot{I} = \frac{\dot{V}_{R2}}{R_2} = \frac{40 + j20}{10} = 4 + j2 \text{〔A〕}$$

となる．

複素数（j）を使うのは，抵抗，コイル，コンデンサの複合回路を抵抗だけの回路と同じように計算ができるからだよ．

正答 1

例題－14　RC並列回路のRに流れる電流の値を求める問題

図に示す回路において，交流電源電圧 $\dot{E}$ が200〔V〕，抵抗 R_1 が10〔Ω〕，抵抗 R_2 が20〔Ω〕及びコンデンサ C のリアクタンスが20〔Ω〕であるとき，R_2 を流れる電流 $\dot{I}$ の値として，正しいものを下の番号から選べ．

1　$4-j2$〔A〕
2　$4+j4$〔A〕
3　$6-j2$〔A〕
4　$6+j4$〔A〕
5　$8-j2$〔A〕

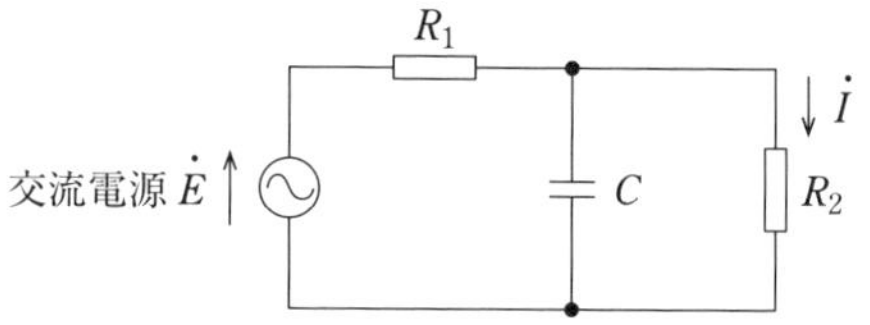

問題を解くヒント！

(1) コンデンサを $\dfrac{1}{j\omega C}=-j\dfrac{1}{\omega C}=-jX_C$ として計算すれば，抵抗だけの回路と同じ計算ができる．

(2) コンデンサ C のリアクタンスが20〔Ω〕ということは，$\dfrac{1}{\omega C}=X_C=20$〔Ω〕ということである．

使う公式

(1) コンデンサ C のリアクタンスを $\dfrac{1}{\omega C}=X_C$〔Ω〕，抵抗を R_1〔Ω〕，R_2〔Ω〕とすると，回路のインピーダンス $\dot{Z}$〔Ω〕は，次式で表される．

$$\dot{Z}=R_1+\frac{R_2\times(-jX_C)}{R_2+(-jX_C)}\text{〔Ω〕}$$

(2)「例題－3」のオームの法則を使う．

一般的な解き方！

コンデンサ C のリアクタンスを $\dfrac{1}{\omega C}=X_C=20$〔Ω〕，抵抗 $R_1=10$〔Ω〕，抵抗 $R_2=20$〔Ω〕とすると，回路のインピーダンス $\dot{Z}$〔Ω〕は，次式で表される．

$$\dot{Z} = R_1 + \frac{R_2 \times (-jX_C)}{R_2 + (-jX_C)} = 10 + \frac{20 \times (-j20)}{20 + (-j20)} = 10 + \frac{1 \times (-j1)}{1 + (-j1)} = 10 - \frac{j20}{1 - j1}$$

$$= 10 - \frac{j20\,(1+j1)}{(1-j1)\,(1+j1)} = 10 - \frac{j20-20}{2} = 10 - (j10-10) = 10 - j10 + 10 = 20 - j10 \text{〔Ω〕}$$

次に，回路を流れる電流を$\dot{I}_T$〔A〕として，$\dot{E}=200$〔V〕，$\dot{Z}=20-j10$〔Ω〕を次式に代入すると，

$$\dot{I}_T = \frac{\dot{E}}{\dot{Z}} = \frac{200}{20-j10} = \frac{20}{2-j1} = \frac{20\,(2+j1)}{(2-j1)\,(2+j1)} = \frac{20\,(2+j1)}{5} = 4(2+j1) \text{〔A〕}$$

R_2に加わる電圧を$\dot{V}_{R2}$〔V〕とすると，

$$\dot{V}_{R2} = \dot{E} - \dot{I}_T R_1 = 200 - \left\{4(2+j1) \times 10\right\} = 200 - 40(2+j1) = 120 - j40 \text{〔V〕}$$

よって，R_2に流れる電流$\dot{I}$〔A〕は，

$$\dot{I} = \frac{\dot{V}_{R2}}{R_2} = \frac{120-j40}{20} = 6 - j2 \text{〔A〕}$$

となる．

正答 3

例題－15　RLC並列回路に流れる電流の値を求める問題

図に示すRLC並列回路において，抵抗Rの値が15〔Ω〕，コイルLのリアクタンスが20〔Ω〕，コンデンサCのリアクタンスが12〔Ω〕のとき，電流$\dot{I}$の値として，正しいものを下の番号から選べ．

1　$3+j4$〔A〕
2　$4+j2$〔A〕
3　$4-j2$〔A〕
4　$5+j3$〔A〕
5　$5-j3$〔A〕

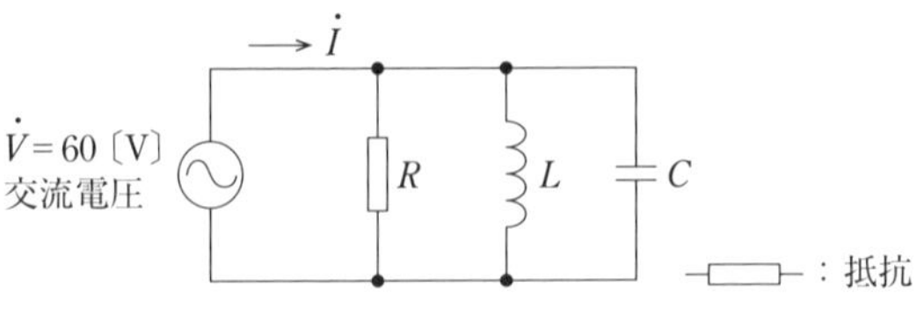

問題を解くヒント！

(1) コイルを$j\omega L = jX_L$とし，コンデンサを$\frac{1}{j\omega C} = -j\frac{1}{\omega C} = -jX_C$として計算すれば，抵抗だけの回路と同じ計算ができる．

(2) コイルLのリアクタンスが20〔Ω〕ということは，$\omega L = X_L = 20$〔Ω〕ということ

であり，コンデンサ C のリアクタンスが 12〔Ω〕ということは，$\dfrac{1}{\omega C} = X_C = 12$〔Ω〕ということである．

使う公式

(1) コイル L のリアクタンスを $\omega L = X_L$〔Ω〕，コンデンサ C のリアクタンスを $\dfrac{1}{\omega C} = X_C$〔Ω〕，抵抗を R〔Ω〕とすると，回路のインピーダンス $\dot{Z}$〔Ω〕は，次式で表される．

$$\dot{Z} = \frac{1}{\dfrac{1}{R} + \dfrac{1}{jX_L} + \dfrac{1}{(-jX_C)}} \text{〔Ω〕}$$

(2)「例題－3」のオームの法則を使う．

一般的な解き方！

コイル L のリアクタンスを $\omega L = X_L = 20$〔Ω〕，コンデンサ C のリアクタンスを $\dfrac{1}{\omega C} = X_C = 12$〔Ω〕，抵抗 $R = 15$〔Ω〕とすると，回路のインピーダンス $\dot{Z}$〔Ω〕は，次式で表される．

$$\dot{Z} = \frac{1}{\dfrac{1}{R} + \dfrac{1}{jX_L} + \dfrac{1}{(-jX_C)}} = \frac{1}{\dfrac{1}{R} + \dfrac{1}{jX_L} - \dfrac{1}{jX_C}}$$

$$= \frac{1}{\dfrac{1}{15} + \dfrac{1}{j20} - \dfrac{1}{j12}} = \frac{1}{\dfrac{j4+3-5}{j60}} = \frac{j60}{-2+j4} \text{〔Ω〕}$$

次に，回路を流れる電流を $\dot{I}$〔A〕として，$\dot{V} = 60$〔V〕，$\dot{Z} = \dfrac{j60}{-2+j4}$〔Ω〕を次式に代入すると，

$$\dot{I} = \frac{\dot{V}}{\dot{Z}} = \frac{60}{\dfrac{j60}{-2+j4}} = 60 \times \frac{-2+j4}{j60} = \frac{-2+j4}{j1} = -j1(-2+j4) = 4+j2 \text{〔A〕}$$

となる．

$\dfrac{1}{j1} = \dfrac{j}{j \times j1} = \dfrac{j}{-1} = -j$ だよ．
電気回路でよく使うから覚えてね．

正答 2

例題－16　*RLC*直列回路の*R*で消費される電力の値を求める問題

図に示す*RLC*直列回路において，抵抗*R*で消費される電力の値として，最も近いものを下の番号から選べ．ただし，抵抗*R*の値は30〔Ω〕，コイル*L*のリアクタンスX_Lは40〔Ω〕，コンデンサ*C*のリアクタンスX_Cは10〔Ω〕とする．

1　190〔W〕
2　375〔W〕
3　550〔W〕
4　735〔W〕
5　920〔W〕

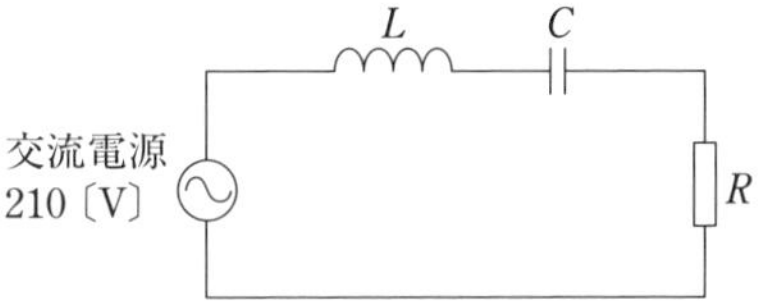

問題を解くヒント！

電力は抵抗のみで消費し，コイルやコンデンサでは消費しない．

使う公式

(1) *RLC*直列回路のインピーダンスの大きさZ〔Ω〕は，コイルのリアクタンスをX_L〔Ω〕，コンデンサのリアクタンスをX_C〔Ω〕とすると，次式で表される．

$$Z=\sqrt{R^2+(X_L-X_C)^2}\text{〔Ω〕}$$

(2)「例題－3」のオームの法則を使う．

(3) 抵抗R〔Ω〕に電流をI〔A〕が流れているとき消費電力P〔W〕は，次式で表される．

$$P=I^2R\text{〔W〕}$$

一般的な解き方！

抵抗を$R=30$〔Ω〕，コイルLのリアクタンスを$X_L=40$〔Ω〕，コンデンサCのリアクタンスを$X_C=10$〔Ω〕とすると，回路のインピーダンスの大きさZ〔Ω〕は，次式で表される．

$$Z=\sqrt{R^2+(X_L-X_C)^2}=\sqrt{30^2+(40-10)^2}$$

$$=\sqrt{900+900}=\sqrt{900\times 2}=30\sqrt{2}\text{〔Ω〕}$$

交流電源を$V=210$〔V〕とすると，流れる電流の大きさI〔A〕は，次式で表される．

$$I=\frac{V}{Z}=\frac{210}{30\sqrt{2}}=\frac{7}{\sqrt{2}}\text{〔A〕}$$

よって，抵抗Rで消費する電力P〔W〕は，

$$P=I^2R=\left(\frac{7}{\sqrt{2}}\right)^2\times 30=\frac{49}{2}\times 30=735\ 〔\mathrm{W}〕$$

となる．

電力を消費するのは，
抵抗だけだよ．

正答 4

例題－17 *RC*直並列回路の*R*の値を求める問題

図に示す回路において，静電容量が3〔μF〕のコンデンサに蓄えられた電荷が6〔μC〕であるとき，抵抗*R*の値として，正しいものを下の番号から選べ．ただし，回路は定常状態にあるものとする．

1　4〔kΩ〕
2　6〔kΩ〕
3　8〔kΩ〕
4　10〔kΩ〕
5　12〔kΩ〕

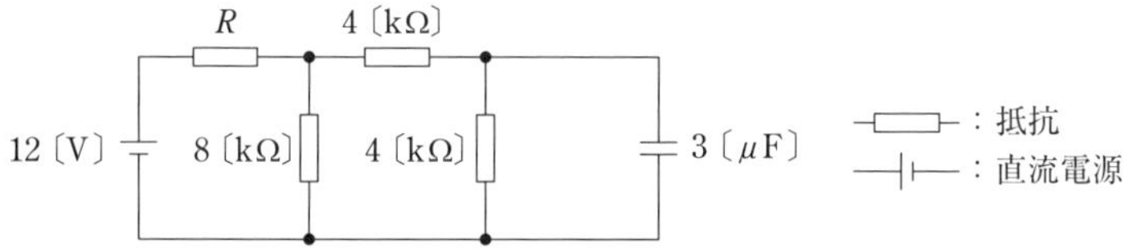

問題を解くヒント！

コンデンサには直流電流は流れない．

使う公式

(1) コンデンサの静電容量をC〔F〕，加える電圧をV〔V〕とすると，コンデンサに蓄えられる電荷Q〔C〕は，次式で表される．

$$Q=CV\ 〔\mathrm{C}〕$$

(2)「例題－3」のオームの法則を使う．

一般的な解き方！

図2.17のコンデンサの両端の電圧をV_{cd}とすると，静電容量が$C=3$〔μF〕$=3\times10^{-6}$〔F〕のコンデンサに蓄えられた電荷が$Q=6$〔μC〕$=6\times10^{-6}$〔C〕であるので，

$$V_{cd}=\frac{Q}{C}=\frac{6\times10^{-6}}{3\times10^{-6}}=2\ 〔\mathrm{V}〕 \quad \cdots\cdots(1)$$

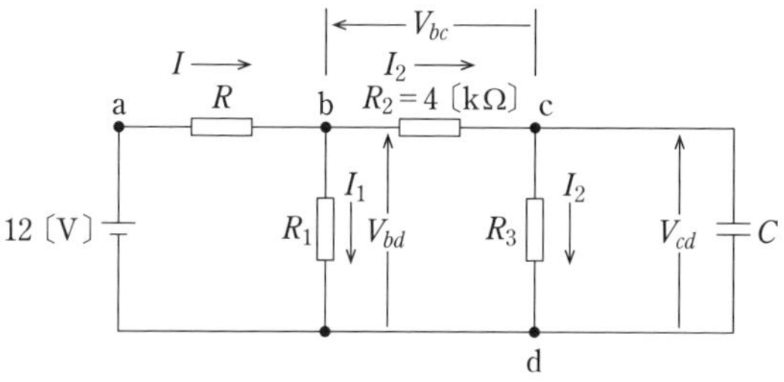

図2.17

抵抗$R_3 = 4$〔kΩ〕$= 4 \times 10^3$〔Ω〕に流れる電流をI_2〔A〕とすると，

$$I_2 = \frac{V_{cd}}{R_3} = \frac{2}{4 \times 10^3} = 0.5 \times 10^{-3}\text{〔A〕} \qquad \cdots\cdots(2)$$

抵抗$R_2 = 4$〔kΩ〕$= 4 \times 10^3$〔Ω〕に流れる電流もI_2〔A〕であるので，bd間の電圧V_{bd}は，R_2の両端の電圧V_{bc}とR_3の両端の電圧V_{cd}の和である．したがって，

$$V_{bd} = V_{bc} + V_{cd} = R_2 I_2 + R_3 I_2$$

$$= 4 \times 10^3 \times 0.5 \times 10^{-3} + 4 \times 10^3 \times 0.5 \times 10^{-3} = 4\text{〔V〕} \qquad \cdots\cdots(3)$$

$R_1 = 8$〔kΩ〕$= 8 \times 10^3$〔Ω〕に流れる電流I_1〔A〕は，

$$I_1 = \frac{V_{bd}}{R_1} = \frac{4}{8 \times 10^3} = 0.5 \times 10^{-3}\text{〔A〕} \qquad \cdots\cdots(4)$$

抵抗Rに流れる電流I〔A〕は，

$$I = I_1 + I_2 = 0.5 \times 10^{-3} + 0.5 \times 10^{-3} = 1 \times 10^{-3}\text{〔A〕} \qquad \cdots\cdots(5)$$

抵抗Rの両端の電圧V_{ab}〔V〕は，

$$V_{ab} = 12 - V_{bd} = 12 - 4 = 8\text{〔V〕} \qquad \cdots\cdots(6)$$

よって，

$$R = \frac{V_{ab}}{I} = \frac{8}{1 \times 10^{-3}} = 8 \times 10^3\text{〔Ω〕} = 8\text{〔kΩ〕}$$

となる．

正答 3

例題－18　*RLC*直列共振回路の*Q*と可変コンデンサの値を求める問題

図に示す*RLC*直列回路において，回路を7.1〔MHz〕の周波数に共振させたときの，可変コンデンサC_Vの静電容量及び回路の尖鋭度（Q）の最も近い値の組合せを下の番号から選べ．ただし，抵抗Rは4〔Ω〕，コイルLの自己インダクタンスは1〔μH〕，コンデンサCの静電容量は200〔pF〕とする．また，$7.1^2 \fallingdotseq 50$，$\pi^2 \fallingdotseq 10$とする．

	C_V	Q
1	200〔pF〕	11
2	300〔pF〕	11
3	300〔pF〕	22
4	600〔pF〕	22
5	600〔pF〕	33

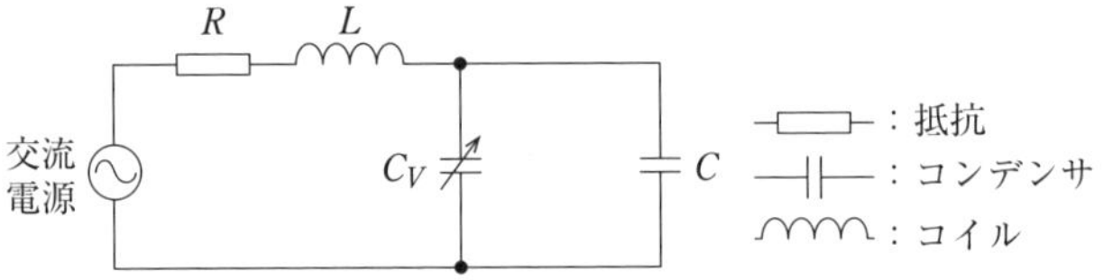

問題を解くヒント！

共振周波数を計算する場合のコンデンサの値を$C_T = C_V + C$として計算する．

使う公式

(1) コイルのインダクタンスをL〔H〕，コンデンサの静電容量をC〔F〕とすると，直列共振周波数f〔Hz〕は，次式で表される．

$$f = \frac{1}{2\pi\sqrt{LC}} \text{〔Hz〕}$$

(2) コイルのインダクタンスをL〔H〕，抵抗をR〔Ω〕，共振周波数をf〔Hz〕とすると，直列共振回路の尖鋭度Qは，次式で表される．

$$Q = \frac{\omega L}{R} = \frac{2\pi f L}{R}$$

ωはギリシャ文字で「オメガ」と読むよ．

一般的な解き方！

可変コンデンサC_V〔F〕とコンデンサC〔F〕の合成静電容量をC_T〔F〕とすると，次式が成立する．

$$C_T = C_V + C \text{〔F〕} \quad \cdots\cdots(1)$$

コイルのインダクタンスを L〔H〕，コンデンサの静電容量を C_T〔F〕とすると，直列共振周波数 f〔Hz〕は，次式で表される．

$$f=\frac{1}{2\pi\sqrt{LC_T}} \qquad \cdots\cdots(2)$$

式(2)の両辺を 2 乗すると，

$$f^2=\frac{1}{4\pi^2 LC_T} \qquad \cdots\cdots(3)$$

式(3)より，C_T を求めると，

$$C_T=\frac{1}{4\pi^2 f^2 L} \qquad \cdots\cdots(4)$$

式(4)に $f=7.1$〔MHz〕$=7.1\times10^6$〔Hz〕，$L=1$〔μH〕$=1\times10^{-6}$〔H〕を代入すると，

$$C_T=\frac{1}{4\pi^2 f^2 L}=\frac{1}{4\times\pi^2\times(7.1)^2\times(10^6)^2\times1\times10^{-6}}\fallingdotseq\frac{1}{4\times10\times50\times10^{12}\times10^{-6}}$$

$$=\frac{1}{4\times10\times50\times10^6}=\frac{10^{-6}}{2{,}000}=\frac{10^{-6}}{2\times10^3}=\frac{1}{2}\times10^{-9}$$

$$=0.5\times10^{-9}=500\times10^{-12}\text{〔F〕}=500\text{〔pF〕}$$

式(1)を変形して C_V〔F〕を求めると，

$C_V=C_T-C=500-200=$ <u>300〔pF〕</u>

題意より，$7.1^2\fallingdotseq50$，$\pi^2\fallingdotseq10$ で計算するよ．

求める回路が共振したときの回路の尖鋭度 Q は，

$$Q=\frac{\omega L}{R}=\frac{2\pi fL}{R}=\frac{2\times3.14\times7.1\times10^6\times1\times10^{-6}}{4}=\frac{44.588}{4}=11.147\fallingdotseq\underline{11}$$

正答 2

3 電子回路の計算問題を解く

例題－1　FET 増幅器の等価回路から電圧増幅度の値を求める問題

図に示す電界効果トランジスタ（FET）増幅器の等価回路において，相互コンダクタンスg_mが 10〔mS〕，ドレイン抵抗r_dが 24〔kΩ〕，負荷抵抗R_Lが 6〔kΩ〕のとき，この回路の電圧増幅度V_{ds}/V_{gs}の大きさの値として，最も近いものを下の番号から選べ．ただし，コンデンサC_1及びC_2のリアクタンスは，増幅する周波数において十分小さいものとする．

1　12
2　24
3　48
4　60
5　120

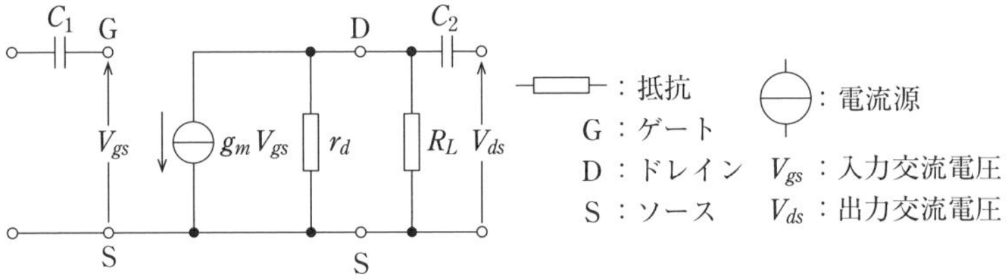

問題を解くヒント！

(1) 入力交流電圧V_{gs}〔V〕と出力交流電圧V_{ds}〔V〕をオームの法則で求める．
(2) $g_m V_{gs}$ の単位は電流〔A〕であることに注意する．

g_m は抵抗の逆数である
コンダクタンスだよ．

使う公式

(1) 電流をI〔A〕，電圧をV〔V〕，抵抗をR〔Ω〕とすると，オームの法則より次式が成立する．

$$I = \frac{V}{R}〔\mathrm{A}〕 \quad , \quad V = IR〔\mathrm{V}〕 \quad , \quad R = \frac{V}{I}〔\Omega〕$$

(2) 抵抗 R_1〔Ω〕と抵抗 R_2〔Ω〕の直列合成抵抗 R_S〔Ω〕は，次式で表される．

$$R_S = R_1 + R_2 \text{〔Ω〕}$$

(3) 抵抗 R_1〔Ω〕と抵抗 R_2〔Ω〕の並列合成抵抗 R_P〔Ω〕は，次式で表される．

$$R_P = \frac{1}{\dfrac{1}{R_1} + \dfrac{1}{R_2}} = \frac{R_1 \times R_2}{R_1 + R_2} \text{〔Ω〕}$$

一般的な解き方！

ドレイン抵抗 $r_d = 24$〔kΩ〕$= 24 \times 10^3$〔Ω〕と負荷抵抗 $R_L = 6$〔kΩ〕$= 6 \times 10^3$〔Ω〕の合成抵抗を R〔Ω〕とすると，

$$R = \frac{r_d \times R_L}{r_d + R_L} = \frac{24 \times 10^3 \times 6 \times 10^3}{24 \times 10^3 + 6 \times 10^3} = \frac{144 \times 10^6}{30 \times 10^3} = 4.8 \times 10^3 \text{〔Ω〕}$$

入力交流電圧を V_{gs}〔V〕，相互コンダクタンスを $g_m = 10$〔mS〕$= 10 \times 10^{-3}$〔S〕とすると，出力交流電圧 V_{ds}〔V〕は，

$$V_{ds} = g_m V_{gs} \times R = 10 \times 10^{-3} \times V_{gs} \times 4.8 \times 10^3 = 48 V_{gs} \qquad \cdots\cdots(1)$$

よって，電圧増幅度の $\dfrac{V_{ds}}{V_{gs}}$ の大きさは，式(1)より，

$$V_{ds} = 48 V_{gs} \quad \text{なので，} \quad \frac{V_{ds}}{V_{gs}} = 48$$

となる．

簡易的な解き方！

ドレイン抵抗 r_d と負荷抵抗 R_L の単位はいずれも〔kΩ〕単位であるので，〔kΩ〕単位で計算する．

ドレイン抵抗 $r_d = 24$〔kΩ〕と負荷抵抗 $R_L = 6$〔kΩ〕の合成抵抗を R〔kΩ〕とすると，

$$R = \frac{r_d \times R_L}{r_d + R_L} = \frac{24 \times 6}{24 + 6} = \frac{144}{30} = 4.8 \text{〔kΩ〕}$$

〔mS〕の 10^{-3} と〔kΩ〕の 10^3 を掛けると 1 であるので，出力交流電圧 V_{ds}〔V〕は，

$$V_{ds} = g_m V_{gs} \times R = 10 \times V_{gs} \times 4.8 = 48 V_{gs} \qquad \cdots\cdots(1)$$

よって，電圧増幅度の $\dfrac{V_{ds}}{V_{gs}}$ の大きさは，式(1)より，

$$V_{ds} = 48 V_{gs} \quad \text{なので，} \quad \frac{V_{ds}}{V_{gs}} = 48$$

となる．

正答 3

例題－2　増幅回路の電圧利得の値を求める問題

ある増幅回路において，入力電圧が4〔mV〕のとき，出力電圧が8〔V〕であった．このときの電圧利得の値として，最も近いものを下の番号から選べ．ただし，$\log_{10}2 \fallingdotseq 0.3$とする．

1　50〔dB〕
2　54〔dB〕
3　60〔dB〕
4　66〔dB〕
5　70〔dB〕

問題を解くヒント！

(1) 入力電圧〔mV〕と出力電圧〔V〕の単位を必ず揃えて計算すること．
(2) $\log_{10}2 \fallingdotseq 0.3$，$\log_{10}10 = 1$ は覚えておく．

$\log_{10}2 \fallingdotseq 0.3$ はこの問題には書いてあるけど，書いていない問題もあるので覚えてね．

使う公式

(1) 入力電圧を V_{in}〔V〕，出力電圧を V_{out}〔V〕とすると，電圧利得 G を dB（デシベル）で表すと，次式が成立する．

$$G = 20\log_{10}\frac{V_{out}}{V_{in}}\ \text{〔dB〕}$$

電圧利得は「20倍」だよ．

(2) $y = \log_a x$ ($a > 0$，$a \neq 1$) を，a を底とする x の対数関数という．
このとき，x を真数 ($x > 0$) といい，底を10とする $y = \log_{10}x$ を常用対数という．
一アマの国家試験に必要な対数の公式を次に示す．

$$\log_{10}x^n = n\log_{10}x$$

$$\log_{10}xy = \log_{10}x + \log_{10}y$$

$$\log_{10}\frac{x}{y} = \log_{10}x - \log_{10}y$$

一般的な解き方！

入力電圧を $V_{in}=4$〔mV〕，出力電圧を $V_{out}=8$〔V〕$=8{,}000$〔mV〕とする．電圧利得 G を dB（デシベル）で表すと，

$$G=20\log_{10}\frac{V_{out}}{V_{in}}=20\log_{10}\frac{8{,}000}{4}=20\log_{10}2{,}000=20\log_{10}(2\times10^3)$$

$$=20(\log_{10}2+\log_{10}10^3)=20(\log_{10}2+3\log_{10}10)=20(0.3+3\times1)$$

$$=20\times3.3=66\ \text{〔dB〕}$$

となる．

真数の掛け算は dB の足し算だよ．$\log_{10}10=1$ は覚えてね．

正答 4

例題－3 電力増幅器の出力電力の値を求める問題

図に示す構成において，入力電力が 10〔W〕，電力増幅器の利得が 10〔dB〕及び整合器の損失が 1〔dB〕のとき，出力電力の値として，最も近いものを下の番号から選べ．ただし，$\log_{10}2 \fallingdotseq 0.3$ とする．

1　66〔W〕
2　80〔W〕
3　90〔W〕
4　120〔W〕
5　180〔W〕

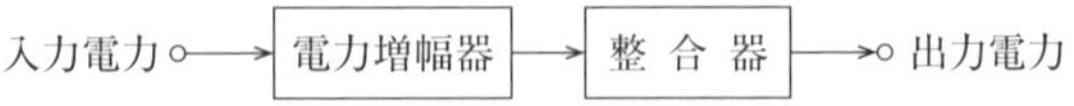

問題を解くヒント！

(1) 整合器の損失が 1〔dB〕あることに注意する．

(2) $\log_{10}2 \fallingdotseq 0.3$ より，$10^{0.3} \fallingdotseq 2$ である．

使う公式

入力電力を P_{in}〔W〕，出力電力を P_{out}〔W〕とすると，電力利得 G を dB（デシベル）で表すと，次式が成立する．

$$G = 10\log_{10}\frac{P_{out}}{P_{in}}\text{〔dB〕}$$

電力利得は「10倍」だよ.

一般的な解き方！

電力増幅器の利得が10〔dB〕，整合器の損失が1〔dB〕であるので，全体の利得は10−1＝9〔dB〕となる.

入力電力を$P_{in}=10$〔W〕，出力電力をP_{out}〔W〕とすると，次式が成立する.

$$9 = 10\log_{10}\frac{P_{out}}{10} \qquad \cdots\cdots(1)$$

式(1)の両辺を10で割ると，

$$0.9 = \log_{10}\frac{P_{out}}{10} \qquad \cdots\cdots(2)$$

式(2)より，

$$\frac{P_{out}}{10} = 10^{0.9} = 10^{(0.3+0.3+0.3)} = 10^{0.3}\times 10^{0.3}\times 10^{0.3}$$

$$= 2\times 2\times 2 = 8 \qquad \cdots\cdots(3)$$

式(3)より，

$$P_{out} = 8\times 10 = 80\text{〔W〕}$$

となる.

$\log_{10}2 ≒ 0.3$より，$10^{0.3} ≒ 2$だから，$10^{0.9}$は$2\times2\times2=8$だね.

簡易的な解き方！

電力増幅器の利得が10〔dB〕，整合器の損失が1〔dB〕であるので，全体の利得は10−1＝9〔dB〕となる.

9〔dB〕の真数（倍率）をAとすると，

$$9 = 10\log_{10}A \qquad \cdots\cdots(1)$$

式(1)の両辺を10で割ると，

$$0.9 = \log_{10}A \qquad \cdots\cdots(2)$$

式(2)より，

$$A = 10^{0.9} = 10^{(0.3+0.3+0.3)} = 10^{0.3}\times 10^{0.3}\times 10^{0.3} = 2\times 2\times 2 = 8$$

よって，出力電力は入力電力の8倍であるので，10×8＝80〔W〕となる.

正答 2

例題－4　電力増幅器の利得の値を求める問題

図に示す構成において，入力電力が40〔W〕であったとき，挿入損失が1〔dB〕の整合器を通った後の出力電力が800〔W〕であった．電力増幅器の利得として，最も近いものを下の番号から選べ．ただし，$\log_{10}2 \fallingdotseq 0.3$とする．

1　13〔dB〕
2　14〔dB〕
3　15〔dB〕
4　16〔dB〕
5　17〔dB〕

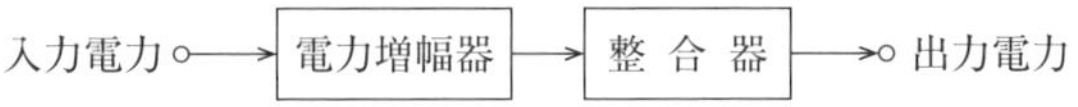

問題を解くヒント！

(1)「例題－3」と考え方は同じで，この問題では電力増幅器の利得G〔dB〕を求める．
(2) 整合器の挿入損失が1〔dB〕あることに注意する．
(3) $\log_{10}2 \fallingdotseq 0.3$ より，$10^{0.3} \fallingdotseq 2$ である．

使う公式

(1)「例題－3」の電力利得を求める公式を使う．
(2)「例題－2」の対数の公式を使う．

一般的な解き方！

入力電力を$P_{in}=40$〔W〕，出力電力を$P_{out}=800$〔W〕とすると，全体の利得G_T〔dB〕は，

$$G_T = 10\log_{10}\frac{800}{40} = 10\log_{10}20 = 10\log_{10}(2\times 10)$$

$$= 10(\log_{10}2+\log_{10}10) = 10(0.3+1) = 13\ \text{〔dB〕}$$

整合器の挿入損失が1〔dB〕であるので，電力増幅器の利得G〔dB〕は，

$$G = G_T + 1 = 13 + 1 = 14\ \text{〔dB〕}$$

となる．

正答 2

例題－5　オペアンプを使用した反転形増幅回路の電圧利得の値を求める問題

図に示す演算増幅器（オペアンプ）を使用した反転形電圧増幅回路の電圧利得の値として，最も近いものを下の番号から選べ．ただし，$\log_{10}2 \fallingdotseq 0.3$とする．

1　4〔dB〕
2　6〔dB〕
3　9〔dB〕
4　12〔dB〕
5　18〔dB〕

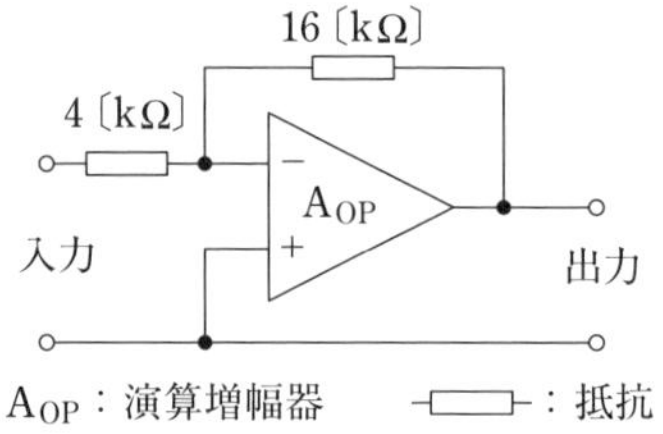

問題を解くヒント！

オペアンプを使用した反転形電圧増幅回路は，入力と出力では位相が180°変化するため，電圧増幅度Aはマイナス（−）の符号が付く．

使う公式

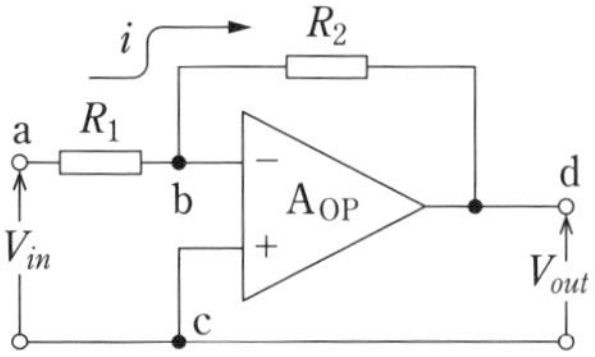

図 3.1　反転増幅器

図 3.1において，入力電圧をV_{in}〔V〕，出力電圧をV_{out}〔V〕とする．c点の電位をゼロとすると，演算増幅器は入力インピーダンスが非常に大きいので，b点もゼロ電位になる．

抵抗R_1〔Ω〕，抵抗R_2〔Ω〕に流れる電流をi〔A〕とすると，次式が成立する．

$$V_{in} - 0 = iR_1 \quad \cdots\cdots ①$$

$$0 - V_{out} = iR_2 \quad \cdots\cdots ②$$

よって，電圧増幅度をAとすると，

$$A = \frac{V_{out}}{V_{in}} = \frac{-iR_2}{iR_1} = -\frac{R_2}{R_1} \quad \cdots\cdots ③$$

式③を dB 表示すると，電圧利得G〔dB〕は，次式で表される．

$$G = 20\log_{10}|A| = 20\log_{10}\frac{R_2}{R_1}\ \text{〔dB〕}$$

電圧利得は「20倍」だよ．

電圧増幅度の「大きさ」と表現されていれば「絶対値」のことなので，$|A| = \frac{R_2}{R_1}$ になるよ．

一般的な解き方！

抵抗を$R_1 = 4$〔kΩ〕$= 4\times10^3$〔Ω〕，$R_2 = 16$〔kΩ〕$= 16\times10^3$〔Ω〕とすると，電圧増幅度の大きさ（絶対値）$|A|$は，

$$|A| = \frac{R_2}{R_1} = \frac{16\times10^3}{4\times10^3} = 4$$

電圧増幅度を dB 表示すると，電圧利得G〔dB〕は，

$$G = 20\log_{10}|A| = 20\log_{10}4 = 20\log_{10}2^2 = 2\times20\log_{10}2 = 40\times0.3 = 12\ \text{〔dB〕}$$

となる．

正答 4

例題－6　オペアンプを使用した反転形増幅回路の抵抗の値を求める問題

図に示す理想的な演算増幅器（オペアンプ）を使用した反転電圧増幅回路において，電圧利得が32〔dB〕のとき，抵抗R_1及びR_2の最も近い値の組合せとして，正しいものを下の番号から選べ．ただし，$\log_{10}2 \fallingdotseq 0.3$とする．

	R_1	R_2
1	1〔kΩ〕	10〔kΩ〕
2	1〔kΩ〕	20〔kΩ〕
3	1〔kΩ〕	40〔kΩ〕
4	40〔kΩ〕	1〔kΩ〕
5	40〔kΩ〕	2〔kΩ〕

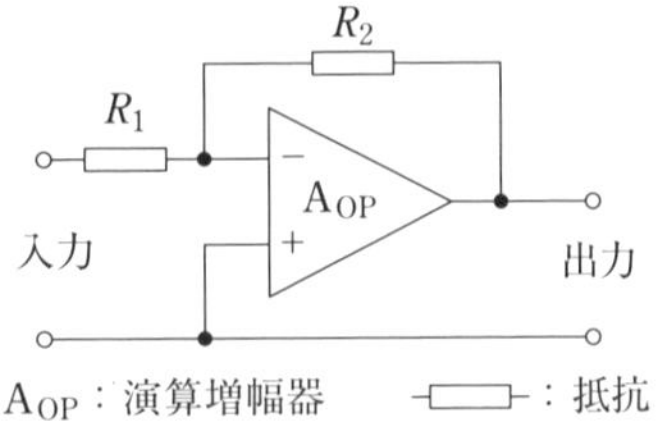

問題を解くヒント！

(1)「例題－5」と考え方は同じで，この問題ではR_1，R_2を求める．

(2) $\log_{10}2 \fallingdotseq 0.3$ より，$10^{0.3} \fallingdotseq 2$ である．

使う公式

抵抗を R_1〔Ω〕, R_2〔Ω〕とすると，反転増幅器の電圧増幅度の大きさ（絶対値）$|A|$は，次式で表される．

$$|A| = \frac{R_2}{R_1} \qquad \cdots\cdots ①$$

式①を dB 表示すると，電圧利得 G〔dB〕は，次式で表される．

$$G = 20\log_{10}|A| = 20\log_{10}\frac{R_2}{R_1}\ \text{〔dB〕}$$

一般的な解き方！

電圧利得が 32〔dB〕なので，

$$32 = 20\log_{10}\frac{R_2}{R_1} \qquad \cdots\cdots(1)$$

式(1)の両辺を 20 で割ると，

$$1.6 = \log_{10}\frac{R_2}{R_1} \qquad \cdots\cdots(2)$$

式(2)より，

$$\frac{R_2}{R_1} = 10^{1.6} = 10^{(1+0.3+0.3)} = 10^1 \times 10^{0.3} \times 10^{0.3} = 10 \times 2 \times 2 = 40 \qquad \cdots\cdots(3)$$

式(3)より，

$$R_2 = 40R_1$$

よって，R_1 の 40 倍が R_2 となる組合せは，選択肢 3 の R_1 = 1〔kΩ〕，R_2 = 40〔kΩ〕である．

正答 3

例題－7　負帰還増幅回路の負帰還をかけたときの電圧増幅度の値を求める問題

図に示す負帰還増幅回路において，負帰還をかけないときの電圧増幅度 A を1,000（真数）及び帰還回路の帰還率 β を0.2としたとき，負帰還をかけたときの電圧増幅度の値（真数）として，最も近いものを下の番号から選べ．

1　2
2　5
3　10
4　50

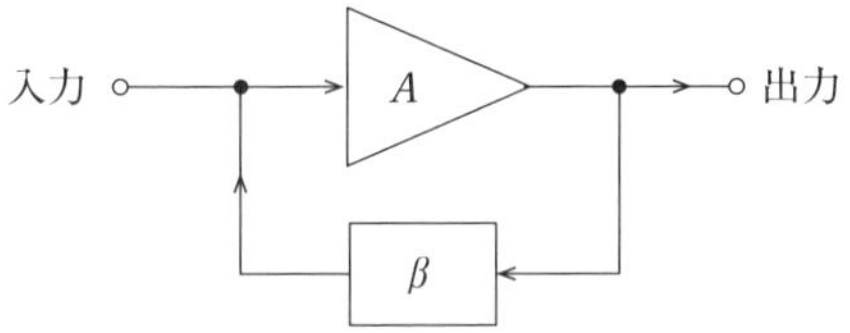

問題を解くヒント！

負帰還増幅器の構成図を**図 3.2** に示す．

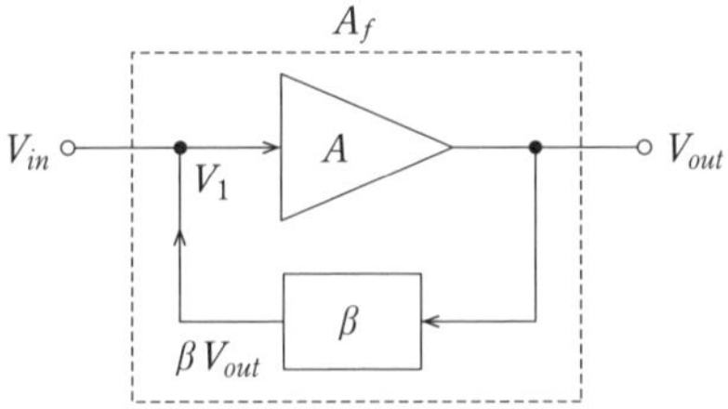

図 3.2　負帰還増幅器

入力電圧を V_{in}〔V〕，出力電圧を V_{out}，負帰還をかけないときの電圧増幅度を A（真数），帰還回路の帰還率を β，負帰還をかけたときの電圧増幅度を A_f（真数）とする．電圧増幅器 A の入力電圧を V_1〔V〕とすると，

$$V_1 = V_{in} - \beta V_{out} \quad \cdots\cdots ①$$

$$A = \frac{V_{out}}{V_1} = \frac{V_{out}}{V_{in} - \beta V_{out}} \quad \cdots\cdots ②$$

式②より，

$$A(V_{in} - \beta V_{out}) = V_{out} \quad \cdots\cdots ③$$

式③より，

$$AV_{in} = (1 + A\beta)V_{out} \quad \cdots\cdots ④$$

負帰還をかけたときの電圧増幅度 A_f は，式④より次式で表される．

$$A_f = \frac{V_{out}}{V_{in}} = \frac{A}{1 + A\beta}$$

使う公式

負帰還をかけないときの電圧増幅度を A（真数），帰還回路の帰還率を β とすると，負帰還をかけたときの電圧増幅度 A_f（真数）は，次式で表される．

$$A_f=\frac{A}{1+A\beta}$$

一般的な解き方！

負帰還をかけないときの電圧増幅度（真数）が $A=1{,}000$，帰還回路の帰還率が $\beta=0.2$ であるので，負帰還をかけたときの電圧増幅度 A_f（真数）は，

$$A_f=\frac{A}{1+A\beta}=\frac{1{,}000}{1+1{,}000\times0.2}=\frac{1{,}000}{201}\fallingdotseq 5$$

となる．

正答 2

例題－8　負帰還増幅回路の帰還率の値を求める問題

図に示す負帰還増幅回路において，電圧増幅率 A が 1×10^5（真数）の演算増幅器を用いて，負帰還増幅回路の電圧増幅率を 10（真数）にしたい．帰還回路の帰還率 β の値として，最も近い値を下の番号から選べ．

1　0.0001
2　0.001
3　0.01
4　0.1
5　0.2

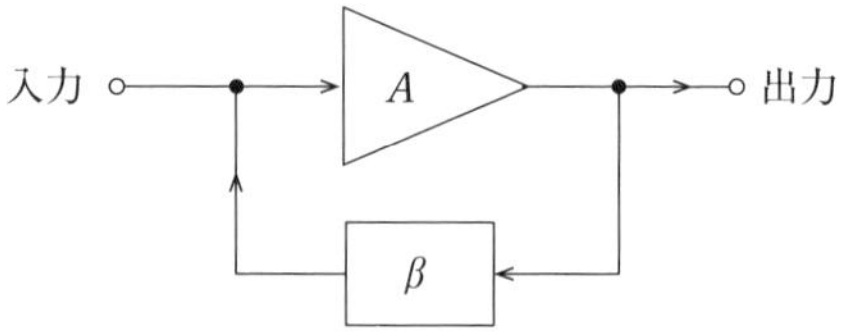

問題を解くヒント！

「例題－7」と考え方は同じだが，この問題では帰還回路の帰還率 β を求める．

使う公式

この公式から，帰還回路の帰還率 β を求めるよ．

「例題－7」の電圧増幅度を求める公式を使う．

一般的な解き方！

負帰還をかけないときの電圧増幅度をA（真数），帰還回路の帰還率をβとすると，負帰還をかけたときの増幅度A_f（真数）は，

$$A_f = \frac{A}{1 + A\beta} \quad \cdots\cdots(1)$$

式(1)に$A = 1 \times 10^5$，$A_f = 10$を代入すると，

$$10 = \frac{1 \times 10^5}{1 + 1 \times 10^5 \beta} \quad \cdots\cdots(2)$$

式(2)より，

$$10\,(1 + 1 \times 10^5 \beta) = 1 \times 10^5 \quad \cdots\cdots(3)$$

式(3)より，

$$10 + 1 \times 10^6 \beta = 1 \times 10^5 \quad \cdots\cdots(4)$$

式(4)より，

$$1 \times 10^6 \beta = 1 \times 10^5 - 10 \quad \cdots\cdots(5)$$

式(5)の右辺$(1 \times 10^5 - 10)$は1×10^5と等しいとすると，

$$1 \times 10^6 \beta = 1 \times 10^5 \quad \cdots\cdots(6)$$

式(6)より，

$$\beta = \frac{1 \times 10^5}{1 \times 10^6} = \frac{1}{10} = 0.1$$

となる．

$1 \times 10^5 = 100{,}000$から10を引いてもそんなに変わらないね．だから，$1 \times 10^5 - 10 \fallingdotseq 1 \times 10^5$と考えていいよ．

正答 4

例題－9　ハートレー発振回路の発振周波数の変化の値を求める問題

図に示すハートレー発振回路の原理図において，コンデンサCの静電容量を1/3にしたとき，発振周波数は元の値の何倍になるか．正しいものを下の番号から選べ．

1　$\sqrt{3}$倍
2　$1/\sqrt{3}$倍
3　1/3 倍
4　3 倍
5　6 倍

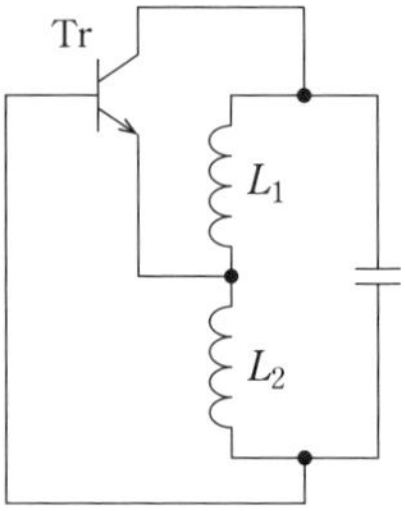

Tr：トランジスタ
C：コンデンサ〔F〕
L_1，L_2：コイル〔H〕

問題を解くヒント！

コイル 2 個とコンデンサ 1 個で構成される発振器をハートレー発振器，コイル 1 個とコンデンサ 2 個で構成される発振器をコルピッツ発振器という．

使う公式

(1) インダクタンスL〔H〕のコイルと静電容量C〔F〕のコンデンサを使用したLC発振回路の共振周波数f〔Hz〕は，次式で表される．

$$f=\frac{1}{2\pi\sqrt{LC}}\ \text{〔Hz〕}$$

(2) インダクタンスがL_1〔H〕，L_2〔H〕のコイルと静電容量C〔F〕のコンデンサで構成されるハートレー発振回路の発振周波数f〔Hz〕は，次式で表される．

$$f=\frac{1}{2\pi\sqrt{(L_1+L_2)C}}\ \text{〔Hz〕}$$

一般的な解き方！

コイルのインダクタンスをL（$=L_1+L_2$）〔H〕，コンデンサの静電容量をC〔F〕とすると，ハートレー発振回路の発振周波数f〔Hz〕は，次式で表される．

$$f=\frac{1}{2\pi\sqrt{LC}}\ \text{〔Hz〕}\qquad\cdots\cdots(1)$$

式(1)の C の静電容量を 1/3 にしたときの発振周波数を f_1〔Hz〕とすると，

$$f_1=\frac{1}{2\pi\sqrt{L\times\dfrac{C}{3}}}=\frac{1}{2\pi\sqrt{LC}\times\sqrt{\dfrac{1}{3}}}$$

$$=\sqrt{3}\times\frac{1}{2\pi\sqrt{LC}}=\sqrt{3}f\ \text{〔Hz〕}$$

$$\frac{1}{\sqrt{\dfrac{1}{3}}}=\frac{1}{\dfrac{\sqrt{1}}{\sqrt{3}}}=\frac{\sqrt{3}}{\sqrt{1}}=\sqrt{3}$$ だよ．

よって，C の静電容量を 1/3 にしたときの発振周波数 f_1 は元の発振周波数 f の値の $\sqrt{3}$ 倍になる．

正答 1

例題－10　ハートレー発振回路の発振周波数の変化の値を求める問題

図に示すハートレー発振回路の原理図において，コンデンサ C の静電容量が51〔%〕減少したとき，発振周波数は元の値から何〔%〕変化するか．最も近いものを下の番号から選べ．

1　35〔%〕
2　43〔%〕
3　49〔%〕
4　53〔%〕
5　60〔%〕

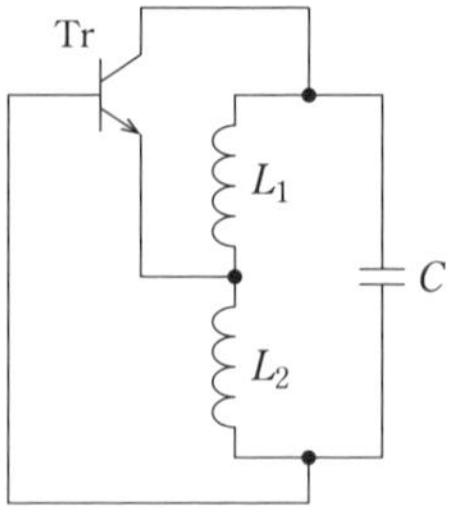

Tr：トランジスタ
C：コンデンサ〔F〕
L_1，L_2：コイル〔H〕

問題を解くヒント！

(1)「例題－9」と考え方は同じである．
(2) C の静電容量が 51〔%〕減少したということは，C が 0.49 倍になったということである．

使う公式

「例題－9」の共振周波数を求める公式を使う．

一般的な解き方！

コイルのインダクタンスを L（$=L_1+L_2$）〔H〕，コンデンサの静電容量を C〔F〕とすると，ハートレー発振回路の発振周波数 f〔Hz〕は，次式で表される．

$$f = \frac{1}{2\pi\sqrt{LC}} \text{〔Hz〕} \quad \cdots\cdots(1)$$

式(1)の C の静電容量が51〔%〕減少，すなわち C が $0.49C$ となったときの発振周波数を f_1〔Hz〕とすると，

$$f_1 = \frac{1}{2\pi\sqrt{L\times 0.49C}} = \frac{1}{2\pi\sqrt{L\times 0.7^2 C}} = \frac{1}{2\pi\sqrt{LC}}\times\frac{1}{0.7} = f\times\frac{1}{0.7} \fallingdotseq 1.43f \text{〔Hz〕}$$

よって，C の静電容量が51〔%〕減少したときの発振周波数 f_1 は元の発振周波数 f から43〔%〕変化する．

正答 2

例題－11　PLL回路の分周器の分周比から出力周波数の値を求める問題

図に示す位相同期ループ（PLL）回路を用いた周波数シンセサイザ発振器において，可変分周器の分周比（N）が200のときの出力周波数 f_0 の値として，正しいものを下の番号から選べ．ただし，基準発振器の出力周波数は8〔MHz〕及び固定分周器の分周比（M）は25とし，PLLはロックしているものとする．

1　4〔MHz〕
2　8〔MHz〕
3　16〔MHz〕
4　32〔MHz〕
5　64〔MHz〕

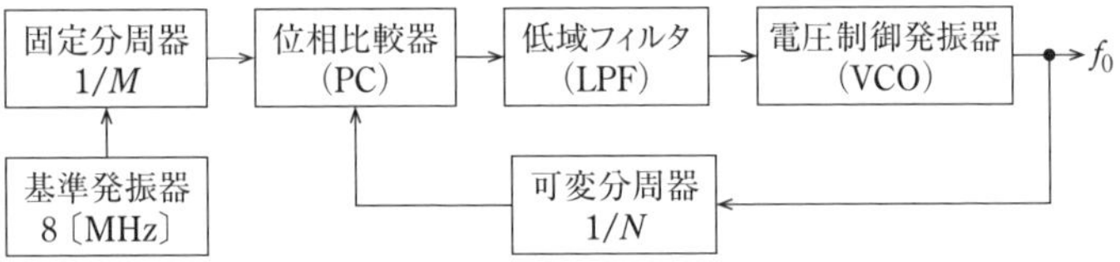

問題を解くヒント！

PLLの出力周波数は「固定分周器」と「可変分周器」の組合せで決まる．

使う公式

基準発振器の周波数を f_R〔Hz〕，固定分周器の分周比を M，可変周器の分周比を N とすると，PLLの出力周波数 f_0〔Hz〕は，次式で表される．

$$f_0 = \frac{N}{M} f_R \text{〔Hz〕}$$

一般的な解き方！

基準発振器の周波数を $f_R = 8$〔MHz〕$= 8 \times 10^6$〔Hz〕，固定分周器の分周比を $M = 25$，可変周器の分周比を $N = 200$ とすると，PLL の出力周波数 f_0〔Hz〕は，

$$f_0 = \frac{N}{M} f_R = \frac{200}{25} \times 8 \times 10^6 = 8 \times 8 \times 10^6 = 64 \times 10^6 \text{〔Hz〕} = 64 \text{〔MHz〕}$$

となる．

10^6 を掛けないで〔MHz〕単位のまま計算してもいいよ．

簡易的な解き方！

固定分周器 M の出力は，

$$\frac{8}{M} = \frac{8}{25} \text{〔MHz〕}$$

となり，この信号が位相比較器への一つの入力になる．

次に，出力周波数が f_0〔Hz〕であるので，可変分周器 N の出力は，

$$\frac{f_0}{N} = \frac{f_0}{200} \text{〔MHz〕}$$

となり，この信号が位相比較器のもう一つの入力となる．

したがって，$\dfrac{8}{25} = \dfrac{f_0}{200}$ となれば，位相比較器の出力がゼロとなり，この PLL 回路はロックされることになる．上式から，

$$25 f_0 = 8 \times 200$$

であるので，

$$f_0 = \frac{8 \times 200}{25} = 8 \times 8 = 64 \text{〔MHz〕}$$

となる．

正答 5

4 送信機の計算問題を解く

例題－1　AM（A3E）送信機の変調をかけたときの出力の全電力の値を求める問題

変調をかけないときの搬送波電力が50〔W〕のAM（A3E）送信機において，単一正弦波で変調度60〔%〕の変調をかけたとき，出力の全ての電力の値として，正しいものを下の番号から選べ．

1　55〔W〕
2　57〔W〕
3　59〔W〕
4　61〔W〕
5　63〔W〕

問題を解くヒント！

振幅変調波（A3E）は，搬送波＋上側波＋下側波で構成されている．変調度を上げると上側波及び下側波の電力が増加する．

使う公式

AM（A3E）波の搬送波電力を P_c〔W〕，変調度を m とすると，被変調波（変調された電波）の電力 P_m〔W〕は，次式で表される．

$$P_m = P_c\left(1+\frac{m^2}{2}\right)〔\mathrm{W}〕$$

一般的な解き方！

AM（A3E）波の搬送波電力を P_c〔W〕，変調度を m とすると，被変調波の電力 P_m〔W〕は，次式で表される．

$$P_m = P_c\left(1+\frac{m^2}{2}\right)〔\text{W}〕 \qquad \cdots\cdots(1)$$

60〔%〕だから，$m=0.6$ だよ．

式(1)に，$P_c=50$〔W〕，$m=0.6$ を代入すると，P_m〔W〕は，

$$P_m = P_c\left(1+\frac{m^2}{2}\right)=50\left(1+\frac{0.6^2}{2}\right)=50\left(1+\frac{0.36}{2}\right)=50\times 1.18=59〔\text{W}〕$$

となる．

正答 3

参　考

搬送波の瞬時値 v_c〔V〕が式(1)で表されるとする．ただし，V_c〔V〕は搬送波の振幅，$\omega_c=2\pi f_c$ の関係にあり，ω_c〔rad/s〕は搬送波の角周波数を表す．

$$v_c = V_c \sin\omega_c t \qquad \cdots\cdots(1)$$

信号波の瞬時値 v_s〔V〕が式(2)で表されるとする．ただし，V_s〔V〕は信号波の振幅，ω_s〔rad/s〕は信号波の角周波数を表す（$V_s\cos\omega_s t$ としたのは計算しやすくするためで，$V_s\sin\omega_s t$ としても同じ）．

$$v_s = V_s \cos\omega_s t \qquad \cdots\cdots(2)$$

式(2)の信号波で，式(1)の搬送波を振幅変調すると，被変調波 v_{AM}〔V〕は，次式で表される．

$$v_{AM} = (V_c + V_s\cos\omega_s t)\sin\omega_c t \qquad \cdots\cdots(3)$$

次に，式(3)を変形すると，次式になる．

$$v_{AM} = (V_c + V_s\cos\omega_s t)\sin\omega_c t = V_c\left(1+\frac{V_s}{V_c}\cos\omega_s t\right)\sin\omega_c t = V_c(1+m\cos\omega_s t)\sin\omega_c t$$

$$= V_c\sin\omega_c t+\frac{mV_c}{2}\sin(\omega_c+\omega_s)t+\frac{mV_c}{2}\sin(\omega_c-\omega_s)t \qquad \cdots\cdots(4)$$

ただし，$m=V_s/V_c$ で変調度を表す．

$v_{AM}=(V_c+V_s\cos\omega_c t)\sin\omega_c t$ において，$V_c=V_s$（100%）のとき，被変調波 v_{AM} の振幅は $2V_c$ になるよ．

式(4)は，単一正弦波で変調した振幅変調波（A3E波）は，搬送波 f_c，上側波 f_c+f_s，下側波 f_c-f_s の三つの周波数成分があることを示している．これらを図示すると**図4.1**

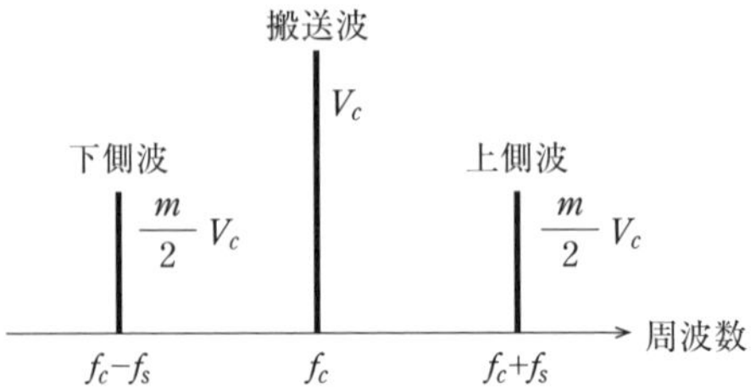

図 4.1　単一正弦波で変調した A3E 波

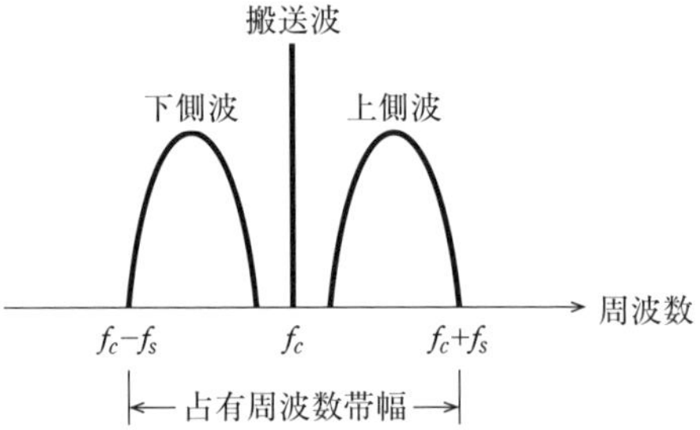

図 4.2　音声波で変調した A3E 波

になり，音声のような多くの周波数成分を持つ信号波で変調した振幅変調波は，**図 4.2** になる．

これらをまとめると**表 4.1** になる．

表 4.1　単一正弦波で変調した振幅変調波（A3E）の成分

	搬送波：f_c	上側波：f_c+f_s	下側波：f_c-f_s
最大電圧	V_c	$\dfrac{mV_c}{2}$	$\dfrac{mV_c}{2}$
実効値	$\dfrac{V_c}{\sqrt{2}}=V_e$	$\dfrac{mV_c}{2\sqrt{2}}=\dfrac{mV_e}{2}$	$\dfrac{mV_c}{2\sqrt{2}}=\dfrac{mV_e}{2}$
電力 (*R* はアンテナ抵抗)	$P_c=\dfrac{V_e^2}{R}$	$P_{USB}=\dfrac{m^2V_e^2}{4R}=\dfrac{m^2}{4}P_c$	$P_{LSB}=\dfrac{m^2V_e^2}{4R}=\dfrac{m^2}{4}P_c$

※　振幅変調波（A3E）の電力 P_m は，搬送波電力 P_c，上側波電力 P_{USB}，下側波電力 P_{LSB} の和になるので，次式で表される．

$$P_m=P_c+P_{USB}+P_{LSB}=P_c+\frac{m^2}{4}P_c+\frac{m^2}{4}P_c=P_c\left(1+\frac{m^2}{2}\right)$$

例題－2　AM (A3E) 送信機の無変調のときの搬送波電力の値を求める問題

AM (A3E) 送信機において，搬送波を単一の正弦波信号で変調したとき，送信機出力の被変調波の平均電力は 250〔W〕，変調度は 70〔%〕であった．無変調のときの搬送波電力の値として，最も近いものを下の番号から選べ．

1　150〔W〕
2　175〔W〕
3　200〔W〕
4　225〔W〕
5　260〔W〕

問題を解くヒント！

「例題－1」と考え方は同じだが，この問題では搬送波電力を求める．

使う公式

「例題－1」の被変調波の電力を求める公式を使う．

一般的な解き方！

AM (A3E) 波の搬送波電力を P_c〔W〕，変調度を m とすると，被変調波の電力 P_m〔W〕は，次式で表される．

$$P_m = P_c\left(1+\frac{m^2}{2}\right)〔\mathrm{W}〕 \qquad \cdots\cdots(1)$$

式(1)に，$P_m = 250$〔W〕，$m = 0.7$ を代入して P_c〔W〕を求めると，

$$250 = P_c\left(1+\frac{0.7^2}{2}\right) = P_c\left(1+\frac{0.49}{2}\right) = 1.245P_c \qquad \cdots\cdots(2)$$

式(2)より，

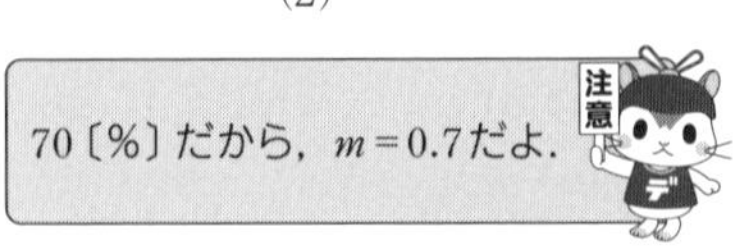

$$P_c = \frac{250}{1.245} \fallingdotseq 200〔\mathrm{W}〕$$

となる．

正答 3

例題－3　AM（A3E）送信機の変調度の値を求める問題

AM（A3E）送信機において，無変調時の平均の電力が100〔W〕の搬送波を，単一の正弦波信号で変調したとき，送信機出力の被変調波の平均電力は132〔W〕であった．このときの変調度の値として，最も近いものを下の番号から選べ．

1　16〔%〕
2　32〔%〕
3　64〔%〕
4　80〔%〕
5　90〔%〕

問題を解くヒント！

「例題－1」と考え方は同じだが，この問題では変調度を求める．

使う公式

「例題－1」の被変調波の電力を求める公式を使う．

この式を変形して，mを求めるよ．

一般的な解き方！

AM（A3E）波の搬送波電力をP_c〔W〕，変調度をmとすると，被変調波の電力P_m〔W〕は，次式で表される．

$$P_m = P_c\left(1+\frac{m^2}{2}\right)\text{〔W〕} \qquad \cdots\cdots(1)$$

式(1)に，$P_m = 132$〔W〕，$P_c = 100$〔W〕を代入してmを求めると，

$$132 = 100\left(1+\frac{m^2}{2}\right) = 100 + 50m^2 \qquad \cdots\cdots(2)$$

式(2)より，

$$50m^2 = 132 - 100 \qquad \cdots\cdots(3)$$

式(3)より，

$$m^2 = \frac{32}{50}$$

よって，

$$m=\sqrt{\frac{32}{50}}=\sqrt{\frac{64}{100}}=\sqrt{\frac{8^2}{10^2}}=\frac{8}{10}=0.8$$

より，変調度は80〔%〕となる．

正答 4

例題－4　DSB（A3E）送信機に接続された同軸ケーブルに加わる電圧の最大値を求める問題

無変調時の送信電力（搬送波電力）が800〔W〕のDSB（A3E）送信機が，特性インピーダンス50〔Ω〕の同軸ケーブルでアンテナに接続されている．この送信機の変調度を100〔%〕にしたとき，同軸ケーブルに加わる電圧の最大値として，最も近いものを下の番号から選べ．ただし，同軸ケーブルの両端は整合がとれているものとする．

1　200〔V〕
2　283〔V〕
3　400〔V〕
4　566〔V〕
5　800〔V〕

問題を解くヒント！

振幅V_c〔V〕の搬送波を振幅V_s〔V〕の単一正弦波で振幅変調し変調度を100〔%〕($m=1$)にしたとき，$V_c=V_s$となり，被変調波の最大振幅は$2V_c$〔V〕となる．

使う公式

(1) 電力P〔W〕を電圧V〔V〕と抵抗R〔Ω〕で表すと，次式の関係がある．

$$P=\frac{V^2}{R}\quad \text{より，}\quad V=\sqrt{PR}$$

(2) 最大値$=\sqrt{2}\times$実効値　である．

一般的な解き方！

無変調時の送信電力（搬送波電力）$P_c=800$〔W〕で，同軸ケーブルの特性インピーダンス

$Z=50$〔Ω〕であるので，同軸ケーブルにかかる電圧（実効値）V_e〔V〕は，次のようになる．

$$V_e=\sqrt{P_c Z}=\sqrt{800\times 50}=\sqrt{40{,}000}=200\text{〔V〕} \quad \cdots\cdots(1)$$

式(1)の搬送波電圧 V_e〔V〕は実効値であるので，最大値は，

$$\sqrt{2}\times V_e=200\sqrt{2}\text{〔V〕} \quad \cdots\cdots(2)$$

100〔%〕変調を行うと，搬送波電圧 V_e〔V〕の最大値の2倍の電圧になるので，式(2)の値を2倍すると，

$$200\sqrt{2}\times 2=400\times 1.414\fallingdotseq 566\text{〔V〕}$$

となる．

選択肢の数値がそれぞれ大きく離れているので，$\sqrt{2}\fallingdotseq 1.4$ として計算しても大丈夫だよ．

正答 4

例題－5 振幅変調波の波形の電圧の値を求める問題

図は，振幅が一定の搬送波を，単一正弦波で振幅変調したときの波形である．A の値が8〔V〕のときの B の値として，正しいものを下の番号から選べ．ただし，変調度は60〔%〕とする．

1　0.5〔V〕
2　1.0〔V〕
3　1.5〔V〕
4　2.0〔V〕
5　2.5〔V〕

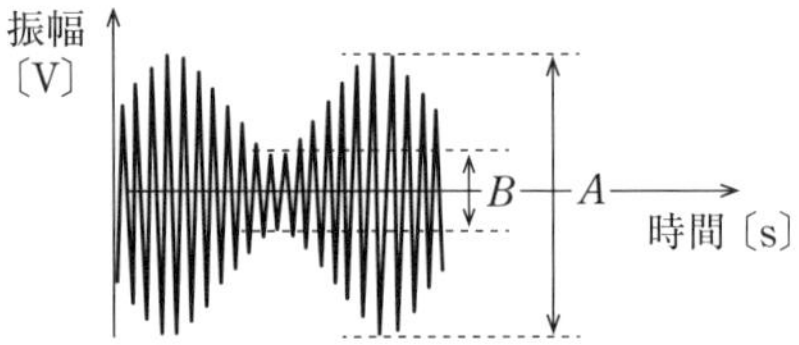

問題を解くヒント！

(1) 振幅 V_c〔V〕の搬送波を振幅 V_s〔V〕の単一正弦波で振幅変調したとき，変調度は $m=V_s/V_c$ となる．

(2) 問題図において，$A=2(V_c+V_s)$，$B=2(V_c-V_s)$ となる．これらから $m=V_s/V_c$ を計算すると，$m=\dfrac{A-B}{A+B}$ が得られる．

使う公式

問題図において，変調度を m〔%〕とすると，

$$m=\frac{A-B}{A+B}\times 100\ 〔\%〕$$

となる．

一般的な解き方！

問題図において，変調度を m〔%〕とすると，

$$m=\frac{A-B}{A+B}\times 100\ 〔\%〕 \qquad \cdots\cdots(1)$$

となる．

式(1)に，$m=60$〔%〕，$A=8$〔V〕を代入して B〔V〕を求めると，

$$60=\frac{8-B}{8+B}\times 100 \qquad \cdots\cdots(2)$$

式(2)の両辺を 100 で割ると，

$$0.6=\frac{8-B}{8+B} \qquad \cdots\cdots(3)$$

式(3)より，

$$0.6\,(8+B)=8-B \qquad \cdots\cdots(4)$$

式(4)より，

$$4.8+0.6B=8-B$$

$$1.6B=3.2$$

よって，

$$B=\frac{3.2}{1.6}=2\ 〔\mathrm{V}〕$$

となる．

正答 4

例題－6 FM（F3E）波の占有周波数帯幅の値を求める問題

アマチュア局において435〔MHz〕帯でFM（F3E）通信を行うとき，最大周波数偏移を5〔kHz〕，変調信号は最高周波数が3〔kHz〕の正弦波としたとき，占有周波数帯幅の値として，最も近いものを下の番号から選べ．

1 8.0〔kHz〕　2 12.5〔kHz〕　3 16.0〔kHz〕　4 20.0〔kHz〕　5 25.0〔kHz〕

問題を解くヒント！

FM（F3E）波の側波の数は無限であるので，無限大の帯域幅が必要になるが，これは不可能なので，電力の99〔%〕以上が含まれる帯域幅を占有周波数帯幅としている．

使う公式

FM（F3E）電波において，最大周波数偏移をΔf〔Hz〕，変調信号の最高周波数をf_S〔Hz〕とすると，占有周波数帯幅B〔Hz〕は，次式で表される．

$$B = 2(\Delta f + f_S)\text{〔Hz〕}$$

この式を「カーソンの法則」というよ．

一般的な解き方！

最大周波数偏移を$\Delta f = 5$〔kHz〕$= 5 \times 10^3$〔Hz〕，最高周波数を$f_S = 3$〔kHz〕$= 3 \times 10^3$〔Hz〕とすると，占有周波数帯幅B〔Hz〕は，

$$B = 2(\Delta f + f_S) = 2(5 \times 10^3 + 3 \times 10^3) = 2 \times 8 \times 10^3 = 16 \times 10^3\text{〔Hz〕} = 16\text{〔kHz〕}$$

となる．

簡易的な解き方！

単位がすべて〔kHz〕なので，〔kHz〕の10^3を省略して計算し，答えを〔kHz〕にすると，

$$B = 2(\Delta f + f_S) = 2(5 + 3) = 16\text{〔kHz〕}$$

となる．

正答 3

例題－7　FM（F3E）波の最大周波数偏移の値を求める問題

アマチュア局において29〔MHz〕帯でFM（F3E）通信を行うとき，占有周波数帯幅を16〔kHz〕，変調信号の最高周波数を3〔kHz〕の正弦波としたとき，最大周波数偏移の値として，最も近いものを下の番号から選べ．

1　2.5〔kHz〕　　2　5.0〔kHz〕　　3　7.5〔kHz〕　　4　10.0〔kHz〕　　5　12.5〔kHz〕

問題を解くヒント！

「例題－6」と考え方は同じだが，この問題では最大周波数偏移を求める．

使う公式

「例題－6」の占有周波数帯幅を求める公式を使う．

一般的な解き方！

$B=2(\Delta f+f_S)$ の式に，$B=16$〔kHz〕$=16\times10^3$〔Hz〕，$f_S=3$〔kHz〕$=3\times10^3$〔Hz〕を代入して Δf〔Hz〕を求めると，

$$16\times10^3=2(\Delta f+3\times10^3)=2\Delta f+6\times10^3 \qquad \cdots\cdots(1)$$

式(1)より，

$$\Delta f=\frac{16\times10^3-6\times10^3}{2}=\frac{10\times10^3}{2}=5\times10^3\text{〔Hz〕}=5\text{〔kHz〕}$$

となる．

簡易的な解き方！

単位がすべて〔kHz〕なので，〔kHz〕の 10^3 を省略して計算し，答えを〔kHz〕にすると，

$$16=2(\Delta f+3)=2\Delta f+6 \qquad \cdots\cdots(1)$$

式(1)より，

$$\Delta f=\frac{16-6}{2}=5\text{〔kHz〕}$$

となる．

正答 2

5 電源の計算問題を解く

例題－1　ダイオードに加わる逆方向電圧の最大値を求める問題

図に示すダイオードD及びコンデンサ C で構成される整流回路において，交流入力が実効値12〔V〕の単一正弦波であるとき，無負荷のときの各ダイオードDに印加される逆方向の電圧の最大値として，最も近いものを下の番号から選べ．ただし，各ダイオードDの特性は同一とする．

1　12〔V〕
2　17〔V〕
3　24〔V〕
4　34〔V〕
5　36〔V〕

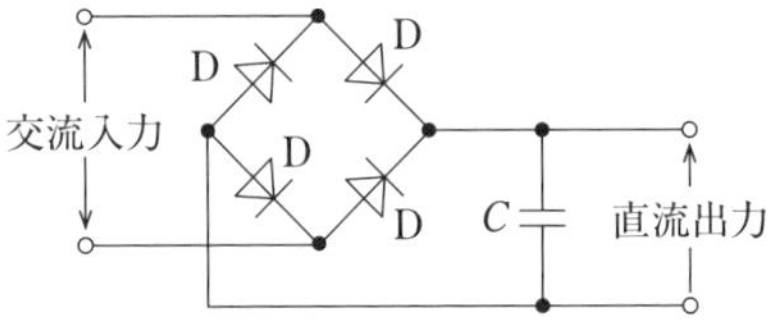

問題を解くヒント！

無負荷時にコンデンサ C を実効値 V_e〔V〕の電圧で充電すると，正弦波交流電圧の最大値 V_m〔V〕は，$V_m = \sqrt{2} V_e$〔V〕となる．

使う公式

正弦波交流電圧の実効値を V_e〔V〕とすると，最大値 V_m〔V〕は，次式で表される．

$$V_m = \sqrt{2} V_e \text{〔V〕}$$

一般的な解き方！

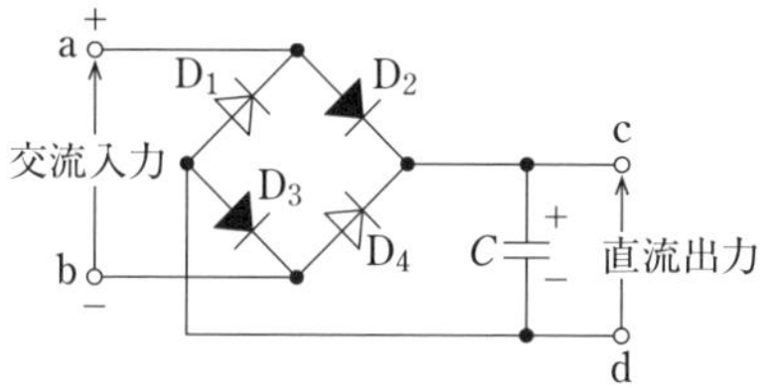

図 5.1

図 5.1 に示すように，ブリッジ整流回路において，端子 a に実効値 V_e〔V〕の交流電圧のプラスが加わると，ダイオード D_2，D_3 が導通し，コンデンサ C は端子 c 側がプラスに充電されて，その端子電圧の最大値 V_m〔V〕は，$V_m = \sqrt{2}V_e$〔V〕となる．

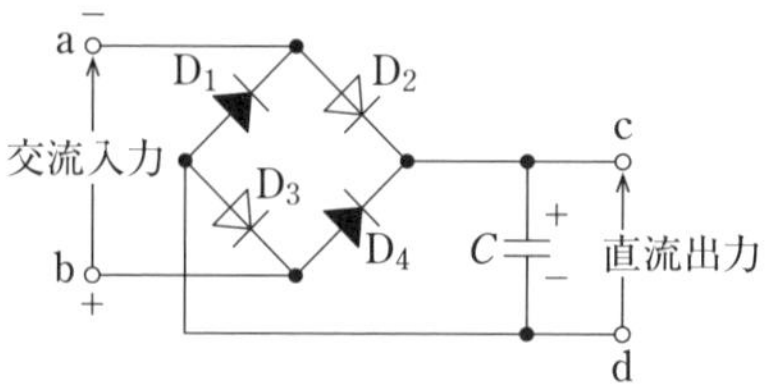

図 5.2

図 5.2 に示すように，端子 b に実効値 V_e〔V〕の交流電圧のプラスが加わると，ダイオード D_4，D_1 が導通し，コンデンサ C は端子 c 側がプラスに充電される．

図 5.1 及び **図 5.2** の場合のいずれも導通していないダイオード 2 本が並列接続される（導通しているダイオードは順方向抵抗であるが，小さい値なので短絡状態と考えるとわかりやすい）．

よって，ダイオード 1 本には $\sqrt{2}V_e$ の逆方向の電圧が加わるので，最大値 V_m〔V〕は，

$$V_m = \sqrt{2} \times V_e = \sqrt{2} \times 12$$

$$\fallingdotseq 1.41 \times 12 \fallingdotseq 17〔\mathrm{V}〕$$

となる．

正答 2

例題－2　半波整流回路のコンデンサの両端の無負荷電圧の実効値を求める問題

図に示す半波整流回路及びコンデンサ入力形平滑回路において，端子ab間に交流電圧 V_i を加えたとき，端子cd間に現れる無負荷電圧の値が50〔V〕であった．V_i の実効値として，最も近いものを下の番号から選べ．ただし，ダイオードD及び変成器（変圧器）Tは理想的に動作するものとし，Tの1次側と2次側の巻数比は1：1とする．また，$\sqrt{2}$ ≒1.4とする．

1　36〔V〕
2　42〔V〕
3　48〔V〕
4　54〔V〕
5　70〔V〕

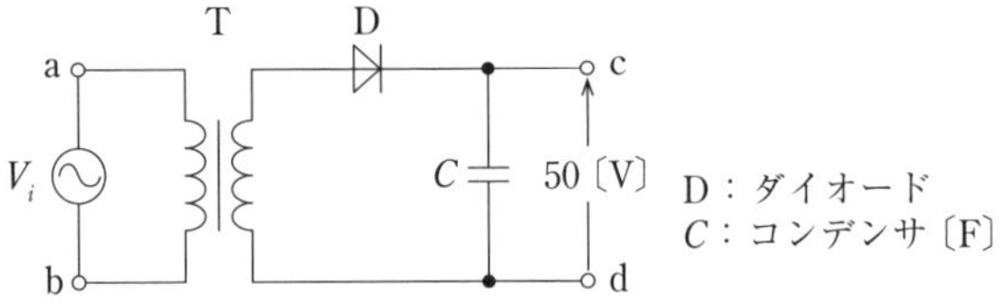

問題を解くヒント！

無負荷時にコンデンサ C を交流電圧 V_i〔V〕の実効値 V_e〔V〕の電圧で充電すると，正弦波交流電圧の最大値 V_m〔V〕は，$V_m=\sqrt{2}V_e$〔V〕となる．

使う公式

正弦波交流電圧の最大値が V_m〔V〕のとき，実効値 V_e〔V〕は，次式で表される．

$$V_e=\frac{V_m}{\sqrt{2}}\text{〔V〕}$$

一般的な解き方！

正弦波交流電圧cd間に現れる無負荷の電圧は，端子ab間の交流電圧 V_i〔V〕の最大値 V_m〔V〕に等しい．$V_m=50$〔V〕であるので，V_i〔V〕の実効値を V_e〔V〕とすると，

$$V_e=\frac{V_m}{\sqrt{2}}=\frac{50}{\sqrt{2}}=\frac{50}{1.4}≒36\text{〔V〕}$$

となる．

題意より，$\sqrt{2}$ ≒1.4で計算するよ．

正答 1

例題－3　倍電圧整流回路の出力電圧の最大値を求める問題

図に示す整流回路における端子ab間の電圧の値として，最も近いものを下の番号から選べ．ただし，電源は実効値電圧 500〔V〕の正弦波交流とし，また，ダイオード D の順方向の抵抗は零，逆方向の抵抗は無限大とする．

1　700〔V〕
2　1,000〔V〕
3　1,400〔V〕
4　1,700〔V〕
5　2,000〔V〕

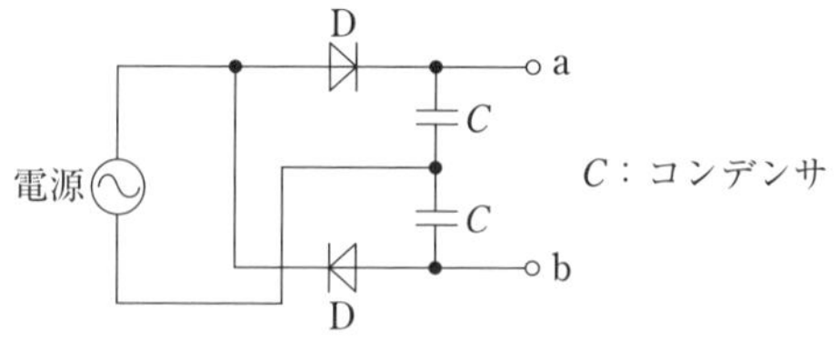

問題を解くヒント！

図 5.3 及び**図 5.4** は全波倍電圧整流回路である．出力側のコンデンサ C の両端に現れる電圧は，入力電圧の最大値（$\sqrt{2}V_e$）の 2 倍になる．

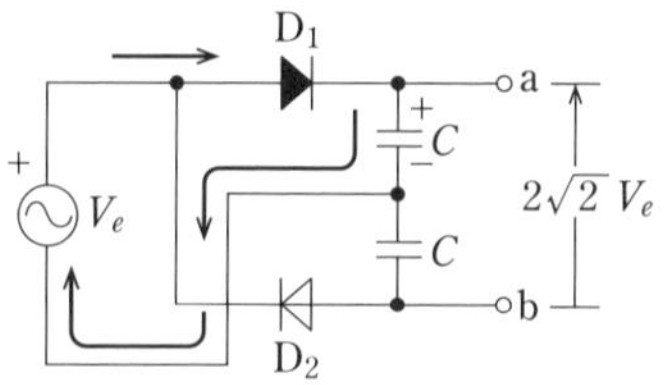

図 5.3

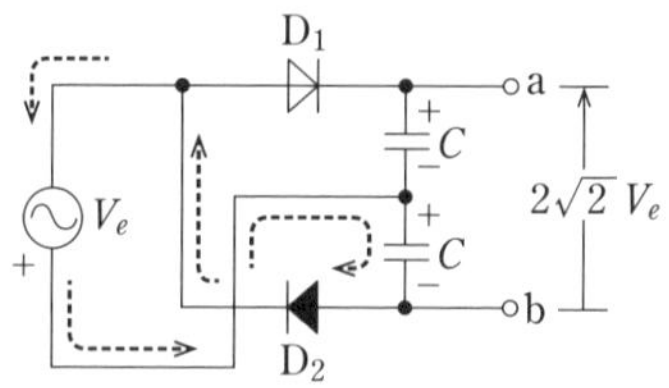

図 5.4

図 5.3 に示すように，電源の上側がプラスの場合，ダイオード D_1 が導通し実線のように電流が流れる．**図 5.4** に示すように，電源の下側がプラスの場合，ダイオード D_2 が導通し破線のように電流が流れる．出力端子ab間には電源電圧の最大値（$\sqrt{2}V_e$）の 2 倍の電圧が現れる．

使う公式

(1)「例題－1」の端子電圧の最大値を求める公式を使う．

(2) 全波倍電圧整流回路の出力電圧は，実効値電圧を V_e〔V〕とすると，入力電圧の最大値 $V_m = \sqrt{2}\,V_e$〔V〕の 2 倍になる．

一般的な解き方！

全波倍電圧整流回路の出力端子ab間の電圧は，実効値電圧$V_e = 500$〔V〕を$\sqrt{2}$倍した最大値V_m〔V〕の2倍の電圧となるので，

$$2 \times V_m = 2 \times \sqrt{2}\, V_e = 2 \times 500\sqrt{2} = 1{,}000\sqrt{2} \fallingdotseq 1{,}000 \times 1.41 \fallingdotseq 1{,}400 \text{〔V〕}$$

となる．

正答 3

例題－4　電源のリプル率の値を求める問題

電源の出力波形が図のように示されるとき，この電源のリプル率（リプル含有率）の値として，最も近いものを下の番号から選べ．ただし，リプルの波形は単一周波数の正弦波とする．

1　1.5〔%〕
2　2.1〔%〕
3　3.0〔%〕
4　4.2〔%〕
5　6.0〔%〕

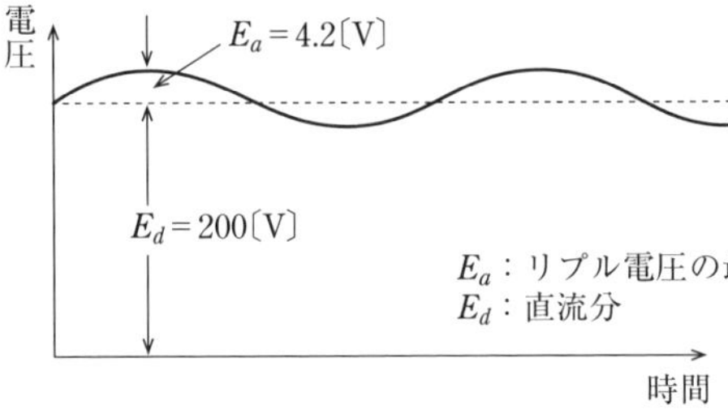

問題を解くヒント！

リプル含有率とは，出力電圧の直流分の中に交流分が何%あるかを示すものである．

リプル（ripple）は「さざ波」とか「波紋」という意味だよ．

使う公式

(1) 直流出力電圧をE_d〔V〕，交流分の実効値をE_e〔V〕とすると，リプル含有率γ〔%〕は，次式で表される．

$$\gamma = \frac{E_e}{E_d} \times 100 \text{〔%〕}$$

γはギリシャ文字で「ガンマ」と読むよ．

(2) 正弦波交流電圧の最大値がE_a〔V〕のとき，実効値E_e〔V〕は，次式で表される．

$$E_e = \frac{E_a}{\sqrt{2}} \text{〔V〕}$$

一般的な解き方！

リプル電圧の最大値が $E_a = 4.2$〔V〕であるので，実効値 E_e〔V〕は，

$$E_e = \frac{E_a}{\sqrt{2}} = \frac{4.2}{1.41} \fallingdotseq 2.98 \ \text{〔V〕}$$

直流出力電圧を $E_d = 200$〔V〕とすると，リプル含有率 γ〔%〕は，

$$\gamma = \frac{E_e}{E_d} \times 100 = \frac{E_a / \sqrt{2}}{E_d} \times 100 = \frac{2.98}{200} \times 100 = 1.49 \fallingdotseq 1.5 \ \text{〔%〕}$$

となる．

正答 1

例題－5　電源の電圧変動率の値を求める問題

無負荷のときの出力電圧が 205〔V〕及び定格負荷のときの出力電圧が 200〔V〕である電源装置の電圧変動率の値として，正しいものを下の番号から選べ．

1　2.5〔%〕
2　3.0〔%〕
3　4.0〔%〕
4　4.5〔%〕
5　5.0〔%〕

問題を解くヒント！

無負荷時の出力電圧に比べ，負荷に電流を流すと出力電圧は低下する．

使う公式

無負荷時の出力電圧を V_0〔V〕，定格負荷時の出力電圧を V_L〔V〕とすると，電圧変動率 δ〔%〕は，次式で表される．

$$\delta = \frac{V_0 - V_L}{V_L} \times 100 \ \text{〔%〕}$$

δはギリシャ文字で「デルタ」と読むよ．

一般的な解き方！

無負荷時の出力電圧を $V_0=205$〔V〕，定格負荷時の出力電圧を $V_L=200$〔V〕とすると，電圧変動率 δ〔%〕は，

$$\delta=\frac{V_0-V_L}{V_L}\times 100=\frac{205-200}{200}\times 100=\frac{5}{200}\times 100=2.5\text{〔\%〕}$$

となる．

正答 1

例題－6　電圧分割器から取り出す電圧に必要な抵抗値を求める問題

図に示す直流電源回路の出力電圧が 50〔V〕であるとき，抵抗 R_1，R_2 及び R_3 を用いた電圧分割器により，出力端子 A から 24〔V〕140〔mA〕及び出力端子 B から 12〔V〕60〔mA〕を取り出す場合，R_1，R_2 及び R_3 の抵抗値の正しい組合せを下の番号から選べ．ただし，接地端子を G とし，R_3 を流れるブリーダ電流は 60〔mA〕とする．

	R_1	R_2	R_3
1	200〔Ω〕	400〔Ω〕	800〔Ω〕
2	200〔Ω〕	400〔Ω〕	600〔Ω〕
3	100〔Ω〕	200〔Ω〕	600〔Ω〕
4	100〔Ω〕	200〔Ω〕	400〔Ω〕
5	100〔Ω〕	100〔Ω〕	200〔Ω〕

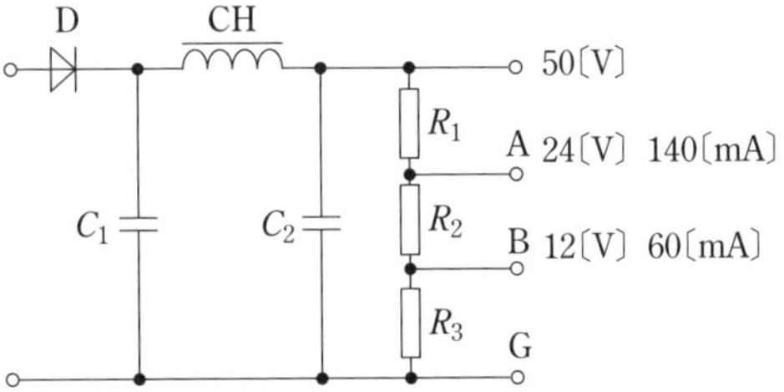

D：ダイオード
CH：チョークコイル
C_1, C_2：コンデンサ

問題を解くヒント！

(1) ブリーダ電流とは，出力端子に負荷を接続しないときに抵抗に流れる電流をいう．ブリーダ電流を大きくするほど，電圧変動率が小さくなる．

(2) ブリーダ抵抗は電源に並列に接続し，出力電流を負荷電流より大きくするために用いる抵抗で電圧変動率を改善できる．

使う公式

電流を I〔A〕，電圧を V〔V〕，抵抗を R〔Ω〕とすると，オームの法則より次式が成立する．

$$I=\frac{V}{R}\text{〔A〕}\quad ,\quad V=IR\text{〔V〕}\quad ,\quad R=\frac{V}{I}\text{〔Ω〕}$$

一般的な解き方！

抵抗 R_3 にブリーダ電流が 60〔mA〕$=60\times10^{-3}$〔A〕流れており，両端の電圧が 12〔V〕であるので，オームの法則より，

$$R_3=\frac{12}{60\times10^{-3}}=\frac{12\times10^3}{60}=\underline{200\text{〔Ω〕}}$$

抵抗 R_2 に流れる電流は，R_3 を流れるブリーダ電流の 60〔mA〕と端子Bから流出する 60〔mA〕の和であるので，120〔mA〕$=120\times10^{-3}$〔A〕となる．R_2 の両端の電圧は $24-12=12$〔V〕である．オームの法則より，

$$R_2=\frac{12}{120\times10^{-3}}=\frac{12\times10^3}{120}=\underline{100\text{〔Ω〕}}$$

抵抗 R_1 に流れる電流は，R_2 を流れる電流の 120〔mA〕と端子Aから流出する 140〔mA〕の和であるので，260〔mA〕$=260\times10^{-3}$〔A〕となる．R_1 の両端の電圧は $50-24=26$〔V〕である．オームの法則より，

$$R_1=\frac{26}{260\times10^{-3}}=\frac{26\times10^3}{260}=\underline{100\text{〔Ω〕}}$$

正答 5

例題－7　定電圧回路の安定抵抗及び負荷抵抗に流すことのできる電流の最大値を求める問題

図に示すツェナーダイオード D_Z を用いた定電圧回路の，安定抵抗 R の値及び負荷抵抗 R_L に流し得る電流 I_L の最大値 $I_{L\max}$ の組合せとして，適切なものを下の番号から選べ．ただし，直流入力電圧は 12〔V〕，ツェナーダイオード D_Z の規格はツェナー電圧が 5〔V〕，許容電力が 1〔W〕とする．また，R の許容電力は十分大きいものとする．

	R	$I_{L\max}$
1	35〔Ω〕	0.2〔A〕
2	35〔Ω〕	0.4〔A〕
3	35〔Ω〕	0.6〔A〕
4	70〔Ω〕	0.2〔A〕
5	70〔Ω〕	0.4〔A〕

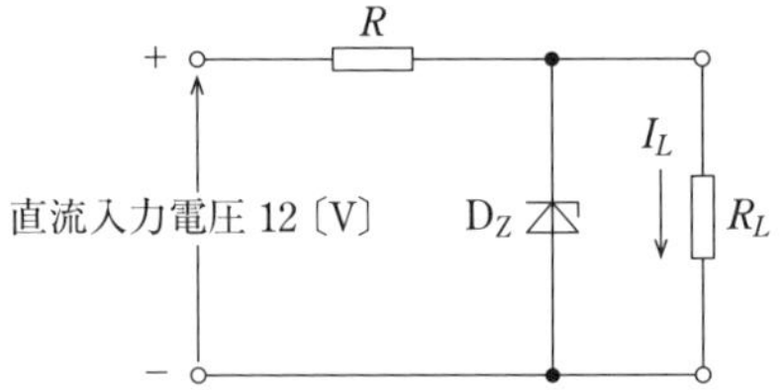

問題を解くヒント！

負荷抵抗 R_L に流すことができる最大電流 $I_{L\max}$ は，無負荷時にツェナーダイオードに流れる最大電流 $I_{Z\max}$ に等しい（$I_{Z\max}$ 以上の電流を負荷抵抗に流せない）．

使う公式

(1) ツェナーダイオードのツェナー電圧を V_Z〔V〕，許容電力を P〔W〕とすると，負荷抵抗 R_L に流せる最大電流 $I_{L\max}$〔A〕は，次式で表される．

$$I_{L\max}=\frac{P}{V_Z}\ \text{〔A〕}$$

(2) 直流入力電圧を V_{in}〔V〕とすると，安定抵抗 R〔Ω〕は，次式で表される．

$$R=\frac{V_{in}-V_Z}{I_{L\max}}\ \text{〔Ω〕}$$

一般的な解き方！

ツェナーダイオード D_Z のツェナー電圧を $V_Z=5$〔V〕，許容電力を $P=1$〔W〕とすると，負荷抵抗 R_L に流せる最大電流 $I_{L\max}$〔A〕は，

$$I_{L\max}=\frac{P}{V_Z}=\frac{1}{5}=\underline{0.2〔\mathrm{A}〕}$$

直流入力電圧を $V_{in}=12$〔V〕とすると，安定抵抗 R〔Ω〕は，

$$R=\frac{V_{in}-V_Z}{I_{L\max}}=\frac{12-5}{0.2}=\underline{35〔\Omega〕}$$

正答 1

参　考

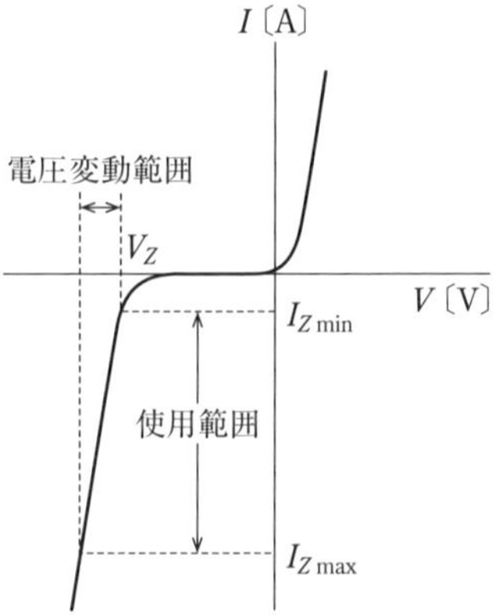

図 5.5

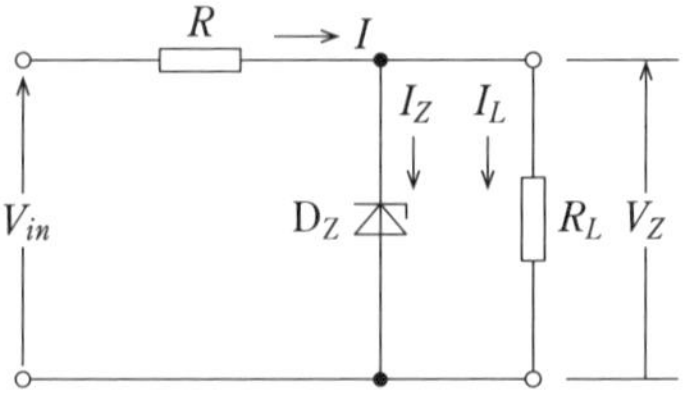

図 5.6

ツェナーダイオードは，**図 5.5** に示すように，わずかな電圧の変動があると，電流が大きく変化する特性を有している．

図 5.6 に示すように，ツェナーダイオード D_Z の両端の電圧を V_Z〔V〕(出力電圧に等しい)，負荷抵抗 R_L〔Ω〕に流れる電流を I_L〔A〕，ツェナーダイオード D_Z に流れる電流を I_Z〔A〕，安定抵抗 R〔Ω〕に流れる電流を I〔A〕とすると，次のようになる．

(1) I_L が増加⇒$I=I_L+I_Z$ が増加⇒V_Z が降下⇒I_Z が減少⇒$I=I_L+I_Z$ が一定⇒V_Z が一定

(2) I_L が減少⇒$I=I_L+I_Z$ が減少⇒V_Z が上昇⇒I_Z が増加⇒$I=I_L+I_Z$ が一定⇒V_Z が一定

※　負荷電流 I_L が変化しても，$I=I_L+I_Z$ が一定になる範囲では，V_Z は一定になる．

(3) $I_L=0$ (無負荷) のとき，I_Z は最大 ($I_{Z\max}$) になり，$I=I_{Z\max}$ となる．

よって，$I_L=I_{Z\max}$ になると，$I_Z=0$ となる．

※　ツェナーダイオード D_Z に流れる電流 $I_{Z\max}$ は，R_L に流すことができる最大電流 $I_{L\max}$ に等しくなる．

6 アンテナの計算問題を解く

例題－1　1/4波長垂直接地アンテナの入力電流の値を求める問題

1/4波長垂直接地アンテナからの放射電力が324〔W〕であった．このときのアンテナへの入力電流の値として，最も近いものを下の番号から選べ．ただし，アンテナの損失はないものとする．

1　1〔A〕
2　2〔A〕
3　3〔A〕
4　5〔A〕
5　9〔A〕

問題を解くヒント！

1/4 波長垂直接地アンテナの放射抵抗R_r〔Ω〕は，半波長ダイポールアンテナの半分の約 36〔Ω〕である．

使う公式

アンテナへの入力電流をI〔A〕，放射抵抗をR_r〔Ω〕とすると，放射電力P_r〔W〕は，次式で表される．

$$P_r = I^2 R_r \text{〔W〕}$$

一般的な解き方！

アンテナへの入力電流をI〔A〕，放射抵抗をR_r〔Ω〕とすると，放射電力P_r〔W〕は，次式で表される．

$$P_r = I^2 R_r \text{〔W〕} \qquad \cdots\cdots(1)$$

式(1)を変形して，I〔A〕を求めると，

$$I = \sqrt{\frac{P_r}{R_r}} \qquad \cdots\cdots(2)$$

1/4 波長垂直接地アンテナの放射抵抗は約 36〔Ω〕なので，式(2)に $P_r = 324$〔W〕，$R_r =$ 36〔Ω〕を代入すると，

$$I = \sqrt{\frac{P_r}{R_r}} = \sqrt{\frac{324}{36}} = \sqrt{9} = 3 \text{〔A〕}$$

となる．

1/4 波長垂直接地アンテナの放射抵抗は，約 36〔Ω〕だよ．

正答 3

例題－2　アンテナ電流，放射電力，実効抵抗から放射抵抗と放射効率の値を求める問題

送信機とアンテナを完全に整合させたとき，アンテナ電流は 3〔A〕であった．この状態でアンテナからの放射電力及びアンテナの実効抵抗がそれぞれ 360〔W〕及び 50〔Ω〕のとき，アンテナの放射抵抗及び放射効率の値として，正しい組合せを下の番号から選べ．

	放射抵抗	放射効率
1	30〔Ω〕	60〔%〕
2	30〔Ω〕	80〔%〕
3	40〔Ω〕	60〔%〕
4	40〔Ω〕	70〔%〕
5	40〔Ω〕	80〔%〕

問題を解くヒント！

実効抵抗 R は，放射抵抗 R_r＋損失抵抗 R_l，アンテナ電力 P は，放射電力 P_r＋損失電力 P_l である．

使う公式

(1) アンテナに加える電力をアンテナ電力という．アンテナ電流を I〔A〕，実効抵抗

を R〔Ω〕とすると，アンテナ電力 P〔W〕は，次式で表される．

$$P = I^2 R \text{〔W〕}$$

(2) 放射抵抗を R_r〔Ω〕，損失抵抗を R_l〔Ω〕とすると，実効抵抗 R〔Ω〕は，次式で表される．

$$R = R_r + R_l \text{〔Ω〕}$$

(3) 放射電力を P_r〔W〕，損失電力を P_l〔W〕とすると，アンテナ電力 P〔W〕は，次式で表される．

$$P = P_r + P_l = I^2 R_r + I^2 R_l \text{〔W〕}$$

(4) 放射効率 η〔%〕は，次式で表される．

$$\eta = \frac{P_r}{P} \times 100 = \frac{I^2 R_r}{I^2 R} \times 100 = \frac{R_r}{R} \times 100 \text{〔%〕}$$

一般的な解き方！

放射抵抗を R_r〔Ω〕，アンテナ電流を I〔A〕とすると，放射電力 P_r〔W〕は，次式で表される．

$$P_r = I^2 R_r \text{〔W〕} \qquad \cdots\cdots(1)$$

式(1)を変形して R_r〔Ω〕を求めると，

$$R_r = \frac{P_r}{I^2} = \frac{360}{3^2} = \underline{40 \text{〔Ω〕}} \qquad \cdots\cdots(2)$$

次に，実効抵抗を $R = 50$〔Ω〕とすると，放射効率 η〔%〕は，

$$\eta = \frac{R_r}{R} \times 100 = \frac{40}{50} \times 100 = 0.8 \times 100 = \underline{80 \text{〔%〕}}$$

正答 5

例題－3 1/4波長垂直接地アンテナの電流，実効抵抗，放射抵抗から放射電力と放射効率の値を求める問題

1/4波長垂直接地アンテナのアンテナ電流を測定したところ2〔A〕が得られ，アンテナの実効抵抗（入力抵抗）及び放射抵抗がそれぞれ44〔Ω〕及び36〔Ω〕となった．このときのアンテナの放射電力及び放射効率の値として，最も近いものの組合せを下の番号から選べ．ただし，アンテナ系は整合が取れているものとし，整合回路の損失はないものとする．

	放射電力	放射効率
1	144〔W〕	68〔%〕
2	144〔W〕	82〔%〕
3	176〔W〕	68〔%〕
4	176〔W〕	82〔%〕

問題を解くヒント！

(1) 1/4波長垂直接地アンテナの放射抵抗R_r〔Ω〕は，半波長ダイポールアンテナの半分の約36〔Ω〕である．

(2) 実効抵抗（入力抵抗）R は，放射抵抗R_r＋損失抵抗R_lである．

使う公式

「例題－2」の公式を使う．

一般的な解き方！

放射抵抗を$R_r = 36$〔Ω〕，アンテナ電流を$I = 2$〔A〕とすると，放射電力P_r〔W〕は，

$$P_r = I^2 R_r = 2^2 \times 36 = \underline{144\text{〔W〕}}$$

アンテナの実効抵抗（入力抵抗）を$R = 44$〔Ω〕とすると，アンテナに供給される電力P〔W〕は，

$$P = I^2 R = 2^2 \times 44 = 176\text{〔W〕}$$

放射効率をη〔%〕とすると，

$$\eta = \frac{P_r}{P} \times 100 = \frac{144}{176} \times 100 \fallingdotseq 0.82 \times 100 = \underline{82\text{〔%〕}}$$

簡易的な解き方！

放射抵抗が $R_r=36$〔Ω〕，アンテナの実効抵抗（入力抵抗）が $R=44$〔Ω〕であるので，放射効率 η〔%〕は，

$$\eta=\frac{R_r}{R}\times 100=\frac{36}{44}\times 100 \fallingdotseq 0.82\times 100=\underline{82〔\%〕}$$

正答 2

例題－4　八木アンテナの相対利得の値を求める問題

半波長ダイポールアンテナに100〔W〕の電力を加え，また，八木アンテナ（八木・宇田アンテナ）に20〔W〕の電力を加えたとき，両アンテナの最大放射方向の同一距離の地点で，それぞれのアンテナから放射される電波の電界強度が等しくなった．このとき八木アンテナの半波長ダイポールアンテナに対する相対利得の値として，最も近いものを下の番号から選べ．ただし，$\log_{10}2\fallingdotseq 0.3$とし，整合損失や給電線損失などの損失は，無視できるものとする．

1　3〔dB〕
2　5〔dB〕
3　6〔dB〕
4　7〔dB〕
5　9〔dB〕

問題を解くヒント！

(1) 相対利得は半波長ダイポールアンテナを基準とした利得である．
(2) 半波長ダイポールアンテナに100〔W〕の電力を加えたときの電界強度と八木アンテナに20〔W〕の電力を加えたときの電界強度が等しいものとして計算する．

使う公式

(1) 送信電力を P〔W〕，送受信点間の距離を d〔m〕とすると，電界強度 E〔V/m〕は，

次式で表される.

$$E=\frac{7\sqrt{P}}{d}\text{〔V/m〕}$$

(2) 相対利得G（真数）のアンテナから送信電力P〔W〕を放射した場合，送受信点間の距離をd〔m〕とすると，電界強度E〔V/m〕は，次式で表される.

$$E=\frac{7\sqrt{GP}}{d}\text{〔V/m〕}$$

(3) $y=\log_a x$（$a>0$，$a\neq 1$）を，aを底とするxの対数関数という.
このとき，xを真数（$x>0$）といい，底を10とする$y=\log_{10}x$を常用対数という.
一アマの国家試験に必要な対数の公式を次に示す.

$$\log_{10}x^n=n\log_{10}x$$

$$\log_{10}xy=\log_{10}x+\log_{10}y$$

$$\log_{10}\frac{x}{y}=\log_{10}x-\log_{10}y$$

一般的な解き方！

半波長ダイポールアンテナに$P=100$〔W〕の電力を加えたとき，距離d〔m〕離れた点における電界強度E〔V/m〕は，

$$E=\frac{7\sqrt{P}}{d}=\frac{7\sqrt{100}}{d}\qquad\cdots\cdots(1)$$

利得G（真数）の八木アンテナに$P=20$〔W〕の電力を加えたとき，距離d〔m〕離れた点における電界強度E〔V/m〕は，

$$E=\frac{7\sqrt{GP}}{d}=\frac{7\sqrt{20G}}{d}\qquad\cdots\cdots(2)$$

式(1)＝式(2)より，

$$\frac{7\sqrt{100}}{d}=\frac{7\sqrt{20G}}{d}\qquad\cdots\cdots(3)$$

式(3)より，

$$\sqrt{100}=\sqrt{20G}\qquad\cdots\cdots(4)$$

式(4)の両辺を2乗すると，

$$100=20G$$

よって，

$$G=\frac{100}{20}=5$$

利得G（真数）をdB表示にすると，

$$10\log_{10}5 = 10\log_{10}\frac{10}{2}$$

$$= 10(\log_{10}10 - \log_{10}2) = 10(1-0.3) = 7\ \text{〔dB〕}$$

となる.

簡易的な解き方!

相対利得は，最大指向方向における電界強度が等しいとき，基準アンテナの半波長ダイポールアンテナに加えられた電力P_0と任意の送信アンテナ（この問題の場合は八木アンテナ）に加えられた電力Pとの比（P_0/P）で表すことができ，これをdB表示すると，

$$10\log_{10}\frac{P_0}{P}$$

となる.

よって,

$$10\log_{10}\frac{100}{20} = 10\log_{10}\frac{10}{2}$$

$$= 10(\log_{10}10 - \log_{10}2) = 10(1-0.3) = 7\ \text{〔dB〕}$$

となる.

正答 4

例題－5　スタックドアンテナの総合利得の値を求める問題

利得12〔dB〕の同一特性の八木アンテナ（八木・宇田アンテナ）4個を用いて，2列2段スタックの配置とし，各アンテナの給電点が同じ位相となるように給電するとき，このアンテナ（スタックドアンテナ）の総合利得の値として，最も近いものを下の番号から選べ．ただし，$\log_{10}2 \fallingdotseq 0.3$とする．

1　15〔dB〕
2　18〔dB〕
3　20〔dB〕
4　22〔dB〕
5　24〔dB〕

問題を解くヒント!

同一特性の八木アンテナを M 列 N 段のスタック配置した場合，その放射電界の強さはアンテナ1個の場合の MN 倍に増加する.

使う公式

(1) 同一特性の八木アンテナを M 列 N 段のスタック配置した場合の利得の増加分 G_A〔dB〕は，次式で表される.

$$G_A = 10 \log_{10} MN \text{〔dB〕}$$

(2) 八木アンテナ1個当たりの利得を G〔dB〕，同一特性のアンテナを M 列 N 段のスタック配置した場合の利得の増加分を G_A〔dB〕とすると，総合利得 G_T〔dB〕は，次式で表される.

$$G_T = G + G_A \text{〔dB〕}$$

(3)「例題－4」の対数の公式を使う.

一般的な解き方!

同一特性の八木アンテナを $M=2$ 列，$N=2$ 段のスタック配置した場合の利得の増加分 G_A〔dB〕は,

$$G_A = 10 \log_{10} MN = 10 \log_{10} 2 \times 2 = 10 \log_{10} 2^2$$
$$= 2 \times 10 \log_{10} 2 = 20 \times 0.3 = 6 \text{〔dB〕}$$

八木アンテナ1個当たりの利得が $G=12$〔dB〕であるので，総合利得 G_T〔dB〕は,

$$G_T = G + G_A = 12 + 6 = 18 \text{〔dB〕}$$

となる.

正答 2

例題－6　スタックドアンテナの総合利得の値からアンテナ1個当たりの利得を求める問題

同一特性の八木アンテナ（八木・宇田アンテナ）8個を用いて，4列2段スタックの配置とし，各アンテナの給電点における位相が同一となるように給電するとき，このアンテナ（スタックドアンテナ）の総合利得の値が19〔dB〕であった．アンテナ1個当たりの利得として，最も近いものを下の番号から選べ．ただし，分配器の損失等の影響はないものとする．また，$\log_{10}2 \fallingdotseq 0.3$とする．

1　3〔dB〕
2　5〔dB〕
3　6〔dB〕
4　7〔dB〕
5　10〔dB〕

問題を解くヒント！

「例題－5」と考え方は同じであるが，この問題ではアンテナ1個当たりの利得を求める．

使う公式

「例題－5」の公式を使う．

一般的な解き方！

同一特性の八木アンテナを$M=4$列，$N=2$段のスタック配置した場合の利得の増加分G_A〔dB〕は，

$$G_A = 10\log_{10} MN = 10\log_{10} 4\times 2 = 10\log_{10} 8 = 10\log_{10} 2^3$$
$$= 3\times 10\log_{10} 2 = 30\times 0.3 = 9\text{〔dB〕}$$

$G_A=9$〔dB〕，総合利得$G_T=19$〔dB〕，八木アンテナ1個当たりの利得をG〔dB〕とすると，

$$G_T = G + G_A$$
$$19 = G + 9$$

より，

$$G = 19 - 9 = 10\text{〔dB〕}$$

となる．

正答 5

例題－7　受信機の入力端子電圧の最大値を求める問題

周波数が7〔MHz〕，電界強度が10〔mV/m〕の電波を半波長ダイポールアンテナで受信したとき，受信機の入力端子電圧の最大値として，最も近いものを下の番号から選べ．ただし，アンテナ等の損失はないものとし，アンテナと受信機入力回路は整合しているものとする．

1　10〔mV〕
2　17〔mV〕
3　34〔mV〕
4　68〔mV〕
5　136〔mV〕

問題を解くヒント！

(1)　アンテナに誘起される電圧V〔V〕は，電界強度E〔V/m〕と実効長l_e〔m〕の積のEl_e〔V〕で求めることができる．

(2)　**図 6.1** のように，アンテナに誘起される電圧V〔V〕は，電界強度E〔V/m〕と実効長l_e〔m〕の積のEl_e〔V〕になる．アンテナの放射抵抗R_r〔Ω〕を通して受信機の入力抵抗R_i〔Ω〕に加わる．回路が整合する条件は，$R_r=R_i$のときで，そのときは受信機の入力端子ab間の電圧V_i〔V〕は，アンテナに誘起される電圧V〔V〕の半分になる．

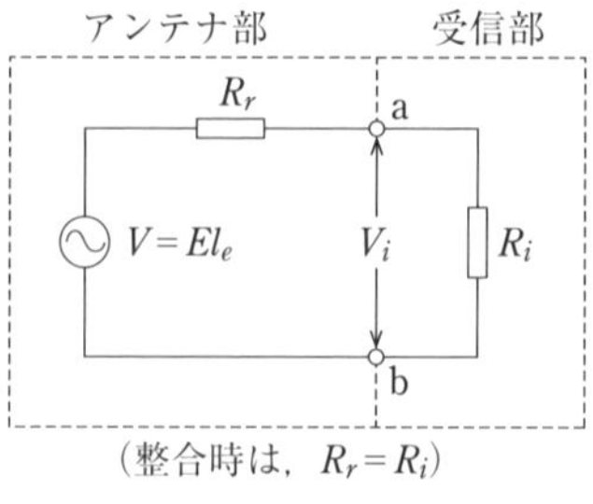

図 6.1

使う公式

(1)　電波の波長をλ〔m〕とすると，半長波ダイポールアンテナの実効長l_e〔m〕は，次式で表される．

$$l_e = \frac{\lambda}{\pi} \text{〔m〕}$$

λはギリシャ文字で
「ラムダ」と読むよ.

(2) 周波数をf〔Hz〕, 電波の速度を$c=3\times10^8$〔m/s〕とすると, 電波の波長λ〔m〕は, 次式で表される.

$$\lambda = \frac{c}{f} = \frac{3\times10^8}{f} \text{〔m〕}$$

(3) 周波数fの単位を〔MHz〕とすると, 電波の波長λ〔m〕は, 次式で表される.

$$\lambda = \frac{300}{f\text{〔MHz〕}} \text{〔m〕}$$

(4) 電界強度がE〔V/m〕のとき, 実効長l_e〔m〕のアンテナに誘起される電圧V〔V〕は, 次式で表される.

$$V = El_e \text{〔V〕}$$

一般的な解き方！

周波数$f=7$〔MHz〕の電波の波長λ〔m〕は,

$$\lambda = \frac{300}{7} \fallingdotseq 42.86 \text{〔m〕}$$

よって, 半波長ダイポールアンテナの実効長l_e〔m〕は,

$$l_e = \frac{\lambda}{\pi} = \frac{42.86}{3.14} \fallingdotseq 13.65 \text{〔m〕}$$

電界強度が$E=10$〔mV/m〕$=0.01$〔V/m〕であるので, アンテナに誘起される電圧V〔V〕は,

$$V = El_e = 0.01\times13.65 = 0.1365 \text{〔V〕}$$

となる.

アンテナの放射抵抗R_r〔Ω〕と受信機の入力抵抗R_i〔Ω〕が等しいとき回路は整合しており, 受信機の入力端子ab間の電圧が最大となる. その電圧V_i〔V〕は, アンテナに誘起される電圧V〔V〕の1/2になる.

よって,

$$0.1365/2 = 0.06825 \text{〔V〕}$$
$$\fallingdotseq 68\times10^{-3} \text{〔V〕}$$
$$= 68 \text{〔mV〕}$$

となる.

小数点の計算が多くて大変だね.
選択肢の数値がそれぞれ大きく離れているので, $\lambda\fallingdotseq42$〔m〕, $\pi\fallingdotseq3$として計算してもいいよ.

正答 4

参　考

半波長ダイポールアンテナの電流分布は**図 6.2** に示すように，中央で最大の I〔A〕，先端部分で最小になる．**図 6.3** に示すように，電流 I〔A〕に等しい電流が均一に流れる等価アンテナを考えたほうが便利なことがある．この等価アンテナの長さを実効長 l_e〔m〕と呼んでいる．

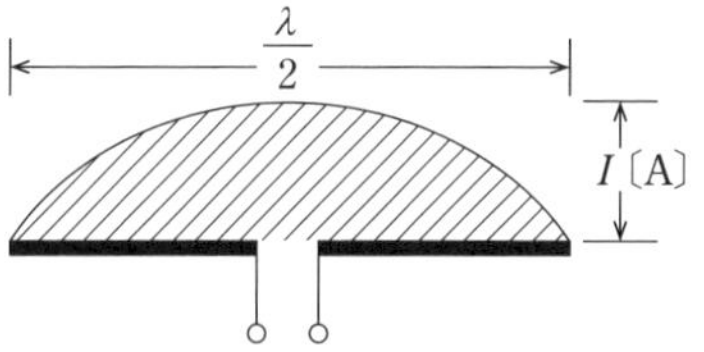

図 6.2　半波長ダイポールアンテナの電流分布

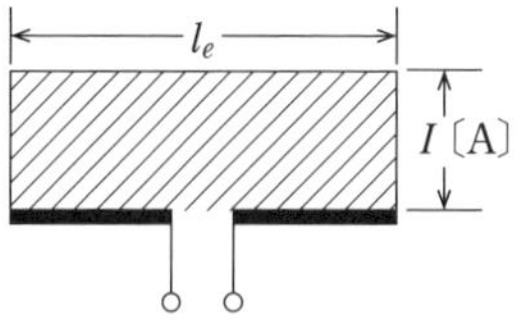

図 6.3　半波長ダイポールアンテナの実効長

図 6.2 の弓形の面積は，次のように計算する．

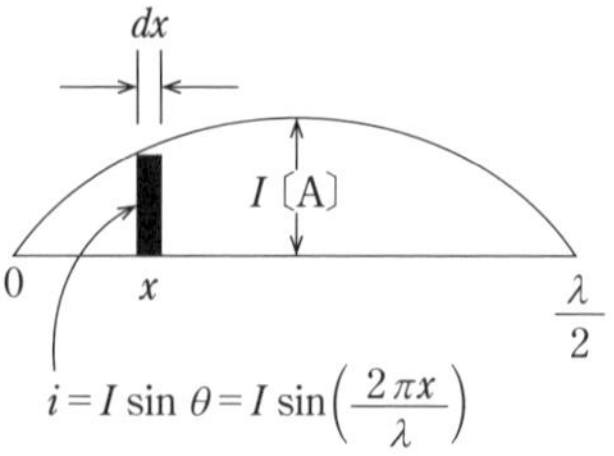

図 6.4

図 6.4 の曲線の方程式を，$i = I\sin\theta$ とする．$\dfrac{\lambda}{2}$〔m〕が π〔rad〕で，曲線の任意の位置を x〔m〕とし，それに対応する角度を θ〔rad〕とすると，次式が成立する．

$$\frac{\lambda}{2} : \pi = x : \theta \qquad \cdots\cdots(1)$$

式(1)より，

$$\theta = \frac{2\pi x}{\lambda} \qquad \cdots\cdots(2)$$

式(2)を $i = I\sin\theta$ に代入すると，

$$i = I\sin\frac{2\pi x}{\lambda} \qquad \cdots\cdots(3)$$

式(3)を0～$\dfrac{\lambda}{2}$まで積分すると，弓形の面積Sが求められる．

$$S=\int_0^{\frac{\lambda}{2}} i dx=\int_0^{\frac{\lambda}{2}} I\sin\frac{2\pi x}{\lambda}dx=\frac{\lambda I}{2\pi}\left[-\cos\frac{2\pi x}{\lambda}\right]_0^{\frac{\lambda}{2}}$$

$$=\frac{\lambda I}{2\pi}\{1-(-1)\}=\frac{\lambda I}{\pi} \qquad \cdots\cdots(4)$$

式(4)が$I l_e$に等しいので，

$$\frac{\lambda I}{\pi}=I l_e \qquad \cdots\cdots(5)$$

式(5)より，

$$l_e=\frac{\lambda}{\pi}\ [\mathrm{m}]$$

となる．

例題－8　受信機の入力端子電圧から電界強度の値を求める問題

周波数が10〔MHz〕の電波を半波長ダイポールアンテナで受信したとき，これに接続された受信機の入力端子の電圧が60〔mV〕であった．この電波の電界強度の値として，最も近いものを下の番号から選べ．ただし，アンテナ等の損失はなく，アンテナと受信機入力回路は整合しているものとする．また，アンテナの最大指向方向は，到来電波の方向に向けられているものとする．

1　8.3〔mV/m〕
2　12.6〔mV/m〕
3　20.9〔mV/m〕
4　33.0〔mV/m〕
5　56.0〔mV/m〕

問題を解くヒント！

アンテナの放射抵抗R_r〔Ω〕と受信機の入力抵抗R_i〔Ω〕が整合している場合，$R_r=R_i$となるので，受信機の入力端子の電圧V_i〔V〕は，アンテナに誘起される電圧V〔V〕の半分になる．

使う公式

「例題－7」の公式を使う．

一般的な解き方！

周波数 $f=10$〔MHz〕の電波の波長 λ〔m〕は，

$$\lambda=\frac{300}{10}=30\text{〔m〕}$$

よって，半波長ダイポールアンテナの実効長 l_e〔m〕は，

$$l_e=\frac{\lambda}{\pi}=\frac{30}{3.14}\fallingdotseq 9.55\text{〔m〕}$$

受信機の入力端子の電圧が 60〔mV〕で，アンテナと受信機入力回路は整合しているので，アンテナに誘起した電圧は，アンテナの放射抵抗 R_r〔Ω〕と受信機の入力抵抗 R_i〔Ω〕で 2 分される．したがって，アンテナに誘起する電圧 V〔V〕は，受信機の入力端子電圧 V_i〔V〕の 2 倍の 120〔mV〕(＝0.12〔V〕) となる．

電界強度を E〔V/m〕とすると，実効長 l_e〔m〕のアンテナに誘起される電圧 V〔V〕は，次式で表される．

$$V=El_e\text{〔V〕}\qquad\cdots\cdots(1)$$

式(1)より，

$$E=\frac{V}{l_e}\qquad\cdots\cdots(2)$$

式(2)に数値を代入すると，

$$E=\frac{V}{l_e}=\frac{0.12}{9.55}\fallingdotseq 0.0126\text{〔V/m〕}=12.6\times10^{-3}\text{〔V/m〕}=12.6\text{〔mV/m〕}$$

となる．

正答 2

例題−9　アンテナの電圧反射係数から電圧定在波比の値を求める問題

アンテナの電圧反射係数が0.173＋j0.1であるときの電圧定在波比（VSWR）の値として，最も近いものを下の番号から選べ．ただし，$\sqrt{3} \fallingdotseq 1.73$とする．

1　3.0
2　2.5
3　2.0
4　1.5
5　1.2

問題を解くヒント！

電圧反射係数 $\Gamma = 0.173 + j0.1$ の大きさ（絶対値）$|\Gamma|$を求める．

Γ はギリシャ文字で「ガンマ」と読むよ．

使う公式

進行波電圧を V_f〔V〕，反射波電圧を V_r〔V〕，電圧反射係数を $\Gamma = \dfrac{V_r}{V_f}$ とすると，電圧定在波比VSWRは，次式で表される．

$$\mathrm{VSWR} = \frac{V_{max}}{V_{min}} = \frac{V_f + V_r}{V_f - V_r} = \frac{1 + \dfrac{V_r}{V_f}}{1 - \dfrac{V_r}{V_f}} = \frac{1 + |\Gamma|}{1 - |\Gamma|}$$

VSWRは定在波の最大値 V_{max} と最小値 V_{min} の比で表すよ．

一般的な解き方！

電圧反射係数の大きさを$|\Gamma|$とすると，

$$|\Gamma| = \sqrt{(0.173)^2 + (0.1)^2} = \sqrt{(1.73)^2 \times 10^{-2} + 1 \times 10^{-2}}$$
$$\fallingdotseq \sqrt{3 \times 10^{-2} + 1 \times 10^{-2}} = \sqrt{4 \times 10^{-2}} = 2 \times 10^{-1} = 0.2$$

よって，電圧定在波比VSWRは，

$$\mathrm{VSWR} = \frac{1 + |\Gamma|}{1 - |\Gamma|} = \frac{1 + 0.2}{1 - 0.2} = \frac{1.2}{0.8} = 1.5$$

となる．

題意より，$\sqrt{3} \fallingdotseq 1.73$ で計算するよ．$\sqrt{(1.73)^2} \fallingdotseq \sqrt{(\sqrt{3})^2} = \sqrt{3}$ だね．

正答 4

7 電波伝搬の計算問題を解く

例題－1　臨界周波数から最高使用可能周波数（MUF）の値を求める問題

図に示すように，800〔km〕離れた送受信点BC間のF層1回反射の伝搬において，電離層の臨界周波数が12〔MHz〕であるときの最高使用可能周波数（MUF）の値として，最も近いものを下の番号から選べ．ただし，F層の反射点Aの見掛けの高さは300〔km〕であり，電離層は水平な大地に平行な平面であるものとする．また，MUFをf_m〔MHz〕，臨界周波数をf_c〔MHz〕，電離層への入射角をθとすれば，f_mは，次式で与えられるものとする．

$$f_m = f_c \sec\theta$$

1　10〔MHz〕
2　15〔MHz〕
3　17〔MHz〕
4　20〔MHz〕
5　23〔MHz〕

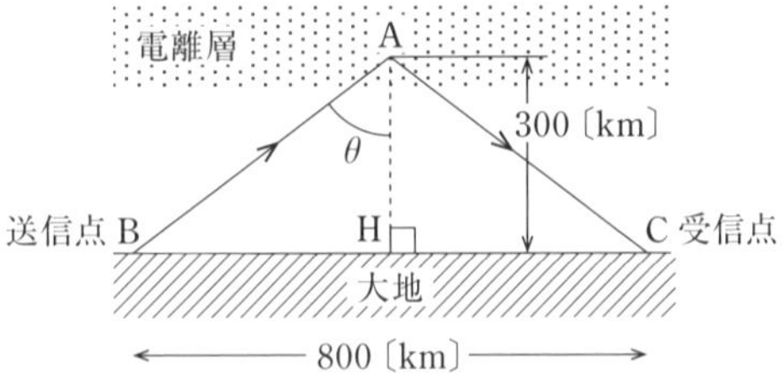

問題を解くヒント！

(1) **図 7.1** に示す直角三角形の長さの関係を表したものをピタゴラスの定理といい，次式の関係が成立する．

$$c^2 = a^2 + b^2 \quad \cdots\cdots ①$$

また，式①より，次式が成立する．

$$c = \sqrt{a^2 + b^2}$$

(2) ピタゴラスの定理で $\overline{\mathrm{AB}}$ を計算し，$\cos\theta$ を求める．

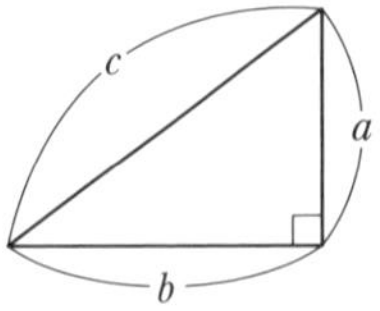

図 7.1

使う公式

臨界周波数をf_c〔Hz〕，入射角をθとすると，最高使用可能周波数f_m〔Hz〕は，次式で表される．

$$f_m = f_c \sec\theta \text{〔Hz〕}$$

また，$\sec\theta$は，次式で表される．

$$\sec\theta = \frac{1}{\cos\theta}$$

図 7.2 において，

$$\cos\theta = \frac{\overline{\mathrm{AH}}}{\overline{\mathrm{AB}}}$$

である．

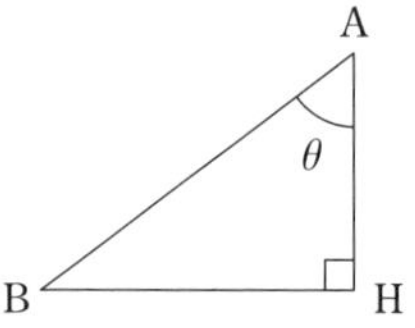

図 7.2

sec は「セカント」，
cos は「コサイン」と読むよ．
$f_m = f_c \sec\theta$ の式を「正割の法則」
又は「セカントの法則」というよ．

$\overline{\mathrm{AH}}$ などに付いている「―」は
辺の長さを表すよ．

一般的な解き方！

$\overline{\mathrm{AH}} = 300$〔km〕，$\overline{\mathrm{BH}} = 400$〔km〕であるので，$\overline{\mathrm{AB}}$〔km〕は，ピタゴラスの定理により，

$$\overline{\mathrm{AB}} = \sqrt{(\overline{\mathrm{AH}})^2 + (\overline{\mathrm{BH}})^2} = \sqrt{300^2 + 400^2}$$

$$= \sqrt{90{,}000 + 160{,}000} = \sqrt{250{,}000} = 500 \text{〔km〕}$$

となる．

$$\cos\theta = \frac{\overline{\mathrm{AH}}}{\overline{\mathrm{AB}}} = \frac{300}{500} = \frac{3}{5}$$ であるので，

$$\sec\theta = \frac{1}{\cos\theta} = \frac{5}{3}$$

となる．

$\frac{1}{\cos\theta} = \frac{1}{\frac{3}{5}} = \frac{5}{3}$ だね．

臨界周波数を$f_c = 12$〔MHz〕，$\sec\theta = \frac{5}{3}$とすると，最高使用可能周波数f_m〔MHz〕は，

$$f_m = f_c \sec\theta = 12 \times \frac{5}{3} = 20 \text{〔MHz〕}$$

となる．

正答 4

例題－2　最高使用可能周波数（MUF）と臨界周波数から跳躍距離の値を求める問題

図に示すように，送受信点BC間のF層1回反射の伝搬において，最高使用可能周波数（MUF）が15〔MHz〕で，臨界周波数が9〔MHz〕であるとき，15〔MHz〕に対する跳躍距離の値として正しいものを下の番号から選べ．ただし，F層の反射点Aの見掛けの高さは300〔km〕であり，電離層は水平な大地に平行な平面であるものとする．また，MUFをf_m〔MHz〕，臨界周波数をf_c〔MHz〕とし，θを電離層への入射角とすれば，f_mは，次式で与えられるものとする．

$$f_m = f_c \sec\theta$$

1　500〔km〕
2　600〔km〕
3　800〔km〕
4　900〔km〕
5　1,000〔km〕

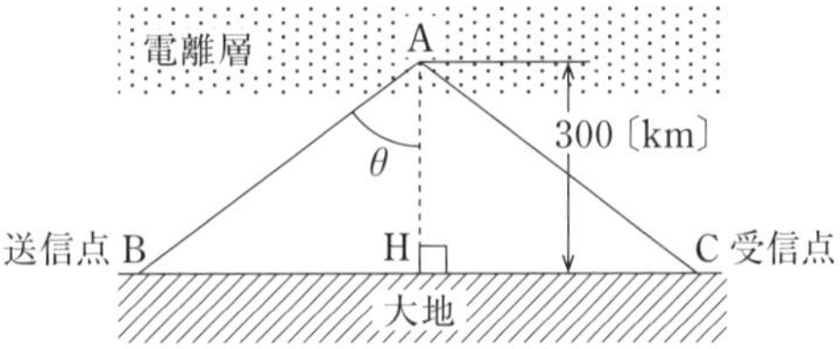

問題を解くヒント！

(1) 与えられた式である $f_m = f_c \sec\theta$ から，$\sec\theta$ を求める．
(2) ピタゴラスの定理を使う．

使う公式

この式から，跳躍距離を求めるよ．

「例題－1」の最高使用可能周波数を求める公式を使う．

一般的な解き方！

まず，与えられた式である $f_m = f_c \sec\theta$ に題意の数値を代入し，$\sec\theta$ を求める．最高使用可能周波数$f_m = 15$〔MHz〕，臨界周波数$f_c = 9$〔MHz〕なので，

$$f_m = f_c \sec\theta$$

$$15 = 9 \sec\theta \quad \cdots\cdots(1)$$

式(1)より，

$$\sec\theta = \frac{15}{9} = \frac{5}{3} \qquad \cdots\cdots(2)$$

$\cos\theta = \dfrac{\overline{\mathrm{AH}}}{\overline{\mathrm{AB}}}$，$\overline{\mathrm{AH}} = 300$〔km〕，$\sec\theta = \dfrac{1}{\cos\theta}$ より，$\overline{\mathrm{AB}}$ を求めると，

$$\overline{\mathrm{AB}} = \frac{\overline{\mathrm{AH}}}{\cos\theta} = \overline{\mathrm{AH}}\sec\theta = 300 \times \frac{5}{3} = 500 \text{〔km〕} \qquad \cdots\cdots(3)$$

ピタゴラスの定理より，$(\overline{\mathrm{AB}})^2 = (\overline{\mathrm{AH}})^2 + (\overline{\mathrm{BH}})^2$ であるので，

$$\overline{\mathrm{BH}} = \sqrt{(\overline{\mathrm{AB}})^2 - (\overline{\mathrm{AH}})^2} = \sqrt{500^2 - 300^2} = \sqrt{250{,}000 - 90{,}000} = \sqrt{160{,}000} = 400 \text{〔km〕}$$

よって，跳躍距離 $\overline{\mathrm{BC}}$ は，$\overline{\mathrm{BH}}$ の 2 倍となるので，

$$\overline{\mathrm{BC}} = 2 \times \overline{\mathrm{BH}} = 2 \times 400 = 800 \text{〔km〕}$$

となる．

正答 3

例題－3　最高使用可能周波数（MUF）の値を求める問題

電離層の臨界周波数が12.0〔MHz〕であるとき，約1,040〔km〕離れた地点と交信しようとするときのMUF（最高使用可能周波数）の値として，最も近いものを下の番号から選べ．ただし，電離層及び大地は水平な平面で，電離層での反射は1回とする．また，電離層の見掛けの高さを300〔km〕，$\sqrt{3} \fallingdotseq 1.73$とする．

1　12〔MHz〕
2　18〔MHz〕
3　24〔MHz〕
4　30〔MHz〕
5　36〔MHz〕

この問題では $f_m = f_c \sec\theta$ の式が与えられていないので，この式は覚えてね．

問題を解くヒント！

ピタゴラスの定理で $\overline{\mathrm{AB}}$ を計算して，$\cos\theta$ を求める．

使う公式

「例題－1」の最高使用可能周波数を求める公式を使う．

一般的な解き方！

この問題を図示すると，**図 7.3** のようになる．

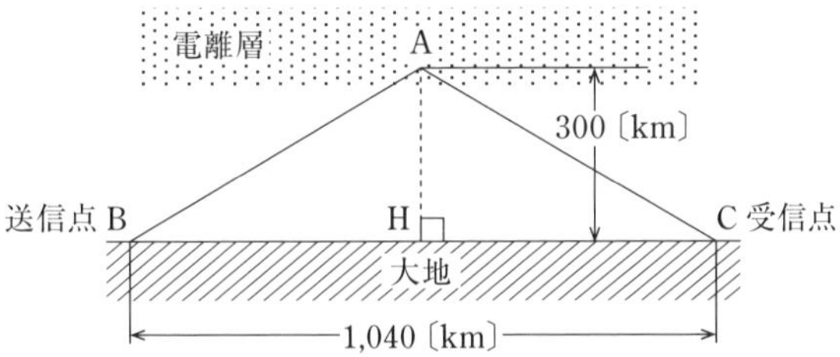

図 7.3

ピタゴラスの定理より，$(\overline{\mathrm{AB}})^2=(\overline{\mathrm{AH}})^2+(\overline{\mathrm{BH}})^2$ であるので，

$$\overline{\mathrm{AB}}=\sqrt{(\overline{\mathrm{AH}})^2+(\overline{\mathrm{BH}})^2}=\sqrt{300^2+520^2}=\sqrt{90,000+270,400}=\sqrt{360,400}\fallingdotseq 600\ 〔\mathrm{km}〕$$

次に，$\cos\theta$ を求めると，

$$\cos\theta=\frac{\overline{\mathrm{AH}}}{\overline{\mathrm{AB}}}=\frac{300}{600}=\frac{1}{2}\qquad\therefore\ \sec\theta=\frac{1}{\cos\theta}=2$$

$\dfrac{1}{\cos\theta}=\dfrac{1}{\frac{1}{2}}=\dfrac{2}{1}$ だね．

よって，臨界周波数を $f_c=12$〔MHz〕とすると，最高使用可能周波数 f_m〔MHz〕は，

$$f_m=f_c\sec\theta=12\times 2=24\ 〔\mathrm{MHz}〕$$

となる．

簡易的な解き方！

角度が，90°，60°，30° の三角形の辺の長さの比は，**図 7.4 (a)** に示すように，$1:\sqrt{3}:2$ になる．**図 7.4 (b)** の $\overline{\mathrm{AB}}$ は $\overline{\mathrm{AH}}$ の 2 倍であるので，$300\times 2=600$〔km〕，$\overline{\mathrm{BH}}$

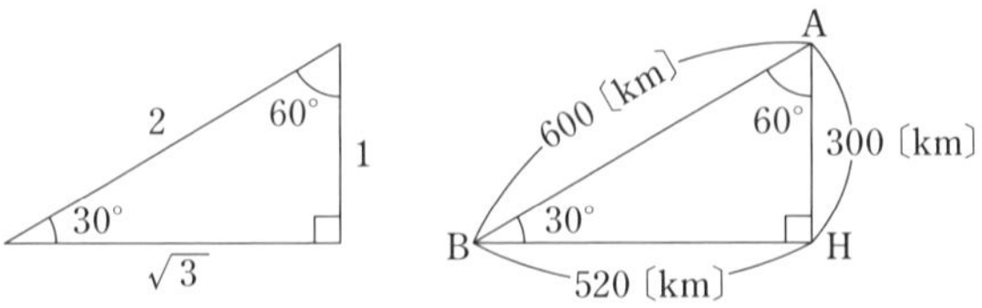

（a）　（b）

図 7.4

は $\overline{\mathrm{AH}}$ の $\sqrt{3}$ 倍であるので，$300\times\sqrt{3}\fallingdotseq 300\times 1.73\fallingdotseq 520$〔km〕となる．

図7.4 より，$\cos\theta=\dfrac{\overline{\mathrm{AH}}}{\overline{\mathrm{AB}}}=\dfrac{300}{600}=\dfrac{1}{2}$ なので，$\sec\theta=\dfrac{1}{\cos\theta}=2$　となる．

よって，臨界周波数を $f_c=12$〔MHz〕とすると，最高使用可能周波数 f_m〔MHz〕は，

$$f_m=f_c\sec\theta=12\times 2=24\text{〔MHz〕}$$

となる．

正答 3

例題－4　送受信点間の距離から受信電界強度の値を求める問題

半波長ダイポールアンテナに対する相対利得7〔dB〕，地上高20〔m〕の送信アンテナに，周波数150〔MHz〕で5〔W〕の電力を供給して電波を放射したとき，最大放射方向で送信点から20〔km〕離れた受信点における電界強度の値として，最も近いものを下の番号から選べ．ただし，受信アンテナの地上高は10〔m〕とし，受信点の電界強度 E は，次式で与えられるものとする．また，アンテナの損失はないものとし，$\log_{10}2\fallingdotseq 0.3$ とする．

$$E=E_0\frac{4\pi h_1 h_2}{\lambda d}\text{〔V/m〕}$$

E_0：送信アンテナによる直接波の電界強度〔V/m〕

h_1，h_2：送，受信アンテナの地上高〔m〕

λ：波長〔m〕

d：送受信点間の距離〔m〕

1　44〔μV/m〕
2　88〔μV/m〕
3　110〔μV/m〕
4　132〔μV/m〕
5　220〔μV/m〕

問題を解くヒント！

(1) 送信アンテナの利得の真数を求める．

(2) $\log_{10}2\fallingdotseq 0.3$ より，$10^{0.3}\fallingdotseq 2$ である．

使う公式

(1) 送信電力P〔W〕を相対利得G（真数）のアンテナから送信したとき，d〔m〕離れた場所における電界強度E_0〔V/m〕は，次式で表される．

$$E_0=\frac{7\sqrt{GP}}{d}\ \text{〔V/m〕}$$

(2) 周波数をf〔Hz〕，電波の速度を$c=3\times10^8$〔m/s〕とすると，電波の波長λ〔m〕は，次式で表される．

$$\lambda=\frac{c}{f}=\frac{3\times10^8}{f}\ \text{〔m〕}$$

(3) 周波数fの単位を〔MHz〕とすると，電波の波長λ〔m〕は，次式で表される．

$$\lambda=\frac{300}{f\text{〔MHz〕}}\ \text{〔m〕}$$

一般的な解き方！

相対利得7〔dB〕の送信アンテナの真数（倍率）をGとすると，

$$7=10\log_{10}G \qquad \cdots\cdots(1)$$

式(1)の両辺を10で割ると，

$$0.7=\log_{10}G \qquad \cdots\cdots(2)$$

式(2)より，

$$G=10^{0.7}=10^{(1-0.3)}=10^1\times10^{-0.3}=10^1\times\frac{1}{10^{0.3}}=10\times\frac{1}{2}=5 \qquad \cdots\cdots(3)$$

周波数$f=150$〔MHz〕の電波の波長λ〔m〕は，

$$\lambda=\frac{300}{f}=\frac{300}{150}=2\ \text{〔m〕} \qquad \cdots\cdots(4)$$

送信電力P〔W〕を相対利得G（真数）のアンテナから送信したとき，d〔m〕離れた場所における電界強度E_0〔V/m〕は，次式で表される．

$$E_0=\frac{7\sqrt{GP}}{d}\ \text{〔V/m〕} \qquad \cdots\cdots(5)$$

式(5)を与えられた式に代入すると，

$$E=E_0\frac{4\pi h_1h_2}{\lambda d}=\frac{7\sqrt{GP}}{d}\times\frac{4\pi h_1h_2}{\lambda d}=\frac{28\pi\sqrt{GP}\,h_1h_2}{\lambda d^2} \qquad \cdots\cdots(6)$$

式(6)に数値を代入すると，

$$E=\frac{28\pi\sqrt{GP}\,h_1h_2}{\lambda d^2}=\frac{28\pi\times\sqrt{5\times5}\times20\times10}{2\times(20\times10^3)^2}=\frac{28\pi\times5\times200}{8\times10^8}$$

$$= \frac{28\pi \times 10^3}{8 \times 10^8} = 28\,\pi \times \frac{10^3}{8} \times 10^{-8} = 28\pi \times 125 \times 10^{-8}$$

$$\fallingdotseq 87.9 \times 125 \times 10^{-8} \fallingdotseq 109.9 \times 10^{-6}\ 〔\mathrm{V/m}〕 \fallingdotseq 110\ 〔\mu\mathrm{V/m}〕$$

となる．

正答 3

例題－5　送信アンテナの最大放射方向における受信電界強度から送受信点間の距離を求める問題

半波長ダイポールアンテナに対する相対利得6〔dB〕，地上高20〔m〕の送信アンテナに，周波数150〔MHz〕で25〔W〕の電力を供給して電波を放射したとき，最大放射方向における受信電界強度が40〔dBμV/m〕(1〔μV/m〕を0〔dB μV/m〕とする.) となる受信点と送信点間の距離の値として，最も近いものを下の番号から選べ．ただし，受信アンテナの地上高は10〔m〕，受信点の電界強度Eは次式で与えられるものとし，アンテナの損失はないものとする．

$$E = E_0 \frac{4\pi h_1 h_2}{\lambda d}\ 〔\mathrm{V/m}〕$$

E_0：送信アンテナによる直接波の電界強度〔V/m〕

h_1，h_2：送，受信アンテナの地上高〔m〕

λ：波長〔m〕

d：送受信点間の距離〔m〕

1　11.9〔km〕
2　29.7〔km〕
3　38.8〔km〕
4　46.3〔km〕
5　51.4〔km〕

問題を解くヒント！

(1)「例題－4」と考え方は同じである．

(2) 40〔dB μV/m〕を〔V/m〕単位に変換する．μ は 10^{-6} である．

使う公式

「例題－4」の電界強度を求める公式を使う．

一般的な解き方！

相対利得6〔dB〕の送信アンテナの真数（倍率）をGとすると，

$$6 = 10\log_{10} G \quad \cdots\cdots(1)$$

式(1)の両辺を10で割ると，

$$0.6 = \log_{10} G \quad \cdots\cdots(2)$$

式(2)より，

$$G = 10^{0.6} = 10^{(0.3+0.3)} = 10^{0.3}\times 10^{0.3} = 2\times 2 = 4 \quad \cdots\cdots(3)$$

周波数$f = 150$〔MHz〕の電波の波長λ〔m〕は，

$$\lambda = \frac{300}{f} = \frac{300}{150} = 2\ 〔\mathrm{m}〕 \quad \cdots\cdots(4)$$

受信電界強度40〔dBμV/m〕の真数をEとすると，

$$40 = 20\log_{10} E \quad \cdots\cdots(5)$$

式(5)の両辺を20で割ると，

$$2 = \log_{10} E \quad \cdots\cdots(6)$$

式(6)より，

$$E = 10^2\ 〔\mu\mathrm{V/m}〕 = 10^2\times 10^{-6}\ 〔\mathrm{V/m}〕 = 10^{-4}\ 〔\mathrm{V/m}〕 \quad \cdots\cdots(7)$$

E_0〔V/m〕は送信アンテナによる直接波の電界強度であるので，

$$E_0 = \frac{7\sqrt{GP}}{d}\ 〔\mathrm{V/m}〕 \quad \cdots\cdots(8)$$

式(8)を与えられた式に代入すると，

$$E = E_0\frac{4\pi h_1 h_2}{\lambda d} = \frac{7\sqrt{GP}}{d}\times\frac{4\pi h_1 h_2}{\lambda d} = \frac{28\pi\sqrt{GP}\,h_1 h_2}{\lambda d^2} \quad \cdots\cdots(9)$$

式(9)に数値を代入して，送受信点間の距離dを求めると，

$$10^{-4} = \frac{28\times 3.14\sqrt{4\times 25}\times 20\times 10}{2d^2}$$

$$= \frac{14\times 3.14\times 10\times 20\times 10}{d^2} = \frac{87{,}920}{d^2} \quad \cdots\cdots(10)$$

式(10)より，

$$d^2 = \frac{87{,}920}{10^{-4}} \fallingdotseq \frac{9\times 10^4}{10^{-4}} = 9\times 10^8$$

よって，

$d=\sqrt{9\times10^{8}}=3\times10^{4}$〔m〕

$=30\times10^{3}$〔m〕$=30$〔km〕

となる.

> 選択肢の数値がそれぞれ大きく異なっているので，87,920≒90,000としても問題ないよ.

※ $d^{2}=\dfrac{87,920}{10^{-4}}=879.2\times10^{6}$ より，

$d=\sqrt{879.2\times10^{6}}=\sqrt{879.2}\times10^{3}\fallingdotseq29.7\times10^{3}$〔m〕$=29.7$〔km〕

正答 2

参 考

〔dB〕(デシベル) は，電力や電圧などの「絶対的」な大きさを示すものではなく，入力と出力の電力や電圧などの「相対的」な大きさを示すものである.

図 7.5

図 7.5 において，基準となる入力電力を P_1〔W〕，対象となる出力電力を P_2〔W〕とすると，単位「〔B〕(ベル)」は次のように定義される.

$$\log_{10}\frac{P_2}{P_1}\ \text{〔B〕}\qquad\cdots\cdots(1)$$

式(1)の数値では日常使用するには小さ過ぎるため，ベルの値を 10 倍し，次式のように単位の接頭語に 1/10 倍を意味する「d (デシ)」を付けたものが〔dB〕(デシベル) である.

$$10\log_{10}\frac{P_2}{P_1}\ \text{〔dB〕}\qquad\cdots\cdots(2)$$

図 7.5 の基準の入力電圧を V_1〔V〕，対象の出力電圧を V_2〔V〕，入力抵抗及び出力抵抗を R〔Ω〕とすると，次式が成立する.

$$P_1=\frac{{V_1}^{2}}{R}\qquad\cdots\cdots(3)$$

$$P_2=\frac{{V_2}^{2}}{R}\qquad\cdots\cdots(4)$$

式(3)，式(4)を式(2)に代入すると，

$$10\log_{10}\frac{P_2}{P_1}=10\log_{10}\frac{\dfrac{V_2^{\,2}}{R}}{\dfrac{V_1^{\,2}}{R}}$$

$$=10\log_{10}\left(\frac{V_2}{V_1}\right)^2=20\log_{10}\frac{V_2}{V_1}\ \text{〔dB〕} \qquad \cdots\cdots(5)$$

すなわち，電圧で表すと $20\log_{10}$ になる．

dB を使用すると，大きな数や小さな数が適度な数に変換できる．掛け算が足し算に，割り算が引き算に変換できる．

〔dBμV/m〕は基準量として，1〔μV/m〕を用いるので，受信電界強度 100〔μV/m〕を〔dBμV/m〕で表すと，

$$20\log_{10}\frac{100}{1}=20\log_{10}10^2=2\times20\log_{10}10=2\times20\times1=40\ \text{〔dB}\mu\text{V/m〕}$$

となり，

500〔μV/m〕を〔dBμV/m〕で表すと，

$$20\log_{10}\frac{500}{1}=20\log_{10}\frac{1{,}000}{2}=20\,(\log_{10}10^3-\log_{10}2)=20\,(3-0.3)=54\ \text{〔dB}\mu\text{V/m〕}$$

となる．

8 測定の計算問題を解く

例題－1　電圧計の真の電圧値の範囲を求める問題

ある直流電源の電圧を，精度階級の階級指数が0.5（級）で最大目盛値が200〔V〕の永久磁石可動コイル形直流電圧計で測定したとき，100〔V〕を指示した．真の値の範囲として，正しいものを下の番号から選べ．ただし，電圧計の読み取りによる誤差はないものとする．

1　90.0 ～ 110.0〔V〕
2　95.0 ～ 105.0〔V〕
3　99.0 ～ 101.0〔V〕
4　99.5 ～ 100.5〔V〕
5　100.0 ～ 105.0〔V〕

問題を解くヒント！

精度階級の階級指数が0.5（級）と表示されている電圧計は，測定レンジの最大値の±0.5〔%〕の誤差が含まれていることを示している．

使う公式

(1) 精度階級の階級指数が0.5（級）の電圧計で最大目盛100〔V〕のレンジで電圧を測定する場合，その誤差は，次のとおりとなる．

100〔V〕×(±0.005)＝±0.5〔V〕

(2) 精度階級の階級指数が1.0（級）の電圧計で最大目盛100〔V〕のレンジで電圧を測定する場合，その誤差は，次のとおりとなる．

100〔V〕×(±0.01)＝±1.0〔V〕

一般的な解き方！

精度階級の階級指数が0.5（級）の電圧計で最大目盛が200〔V〕であるので，その誤差は，

$200〔V〕\times(\pm 0.005) = \pm 1〔V〕$

である．

よって，真の値の範囲は，

$(100-1)\sim(100+1)=99\sim 101〔V〕$

となる．

正答 3

例題－2　電圧計で電圧を測定したときの誤差の大きさの値を求める問題

図に示す回路において，端子ab間の電圧を内部抵抗R_Vが900〔kΩ〕の直流電圧計V_Dで測定したときの誤差の大きさの値として，最も近いものを下の番号から選べ．ただし，誤差は，V_Dの内部抵抗によってのみ生ずるものとし，また，直流電源の内部抵抗は無視するものとする．

1　1.0〔V〕
2　1.2〔V〕
3　1.5〔V〕
4　2.4〔V〕
5　3.0〔V〕

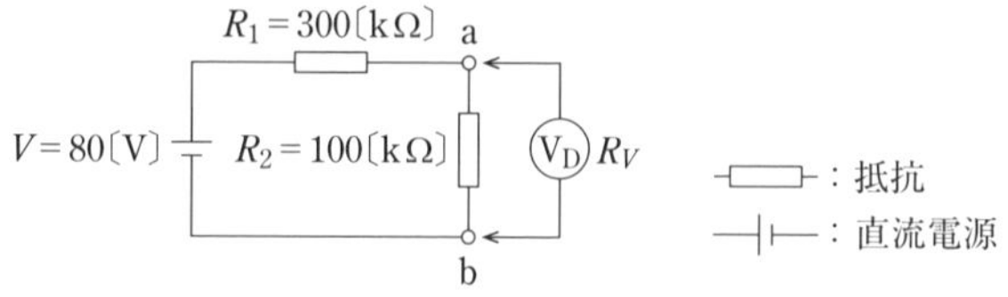

問題を解くヒント！

誤差＝(測定値)－(真値）で表される．

使う公式

(1) 電流をI〔A〕，電圧をV〔V〕，抵抗をR〔Ω〕とすると，オームの法則より次式が成立する．

$$I=\frac{V}{R}〔A〕\quad ,\quad V=IR〔V〕\quad ,\quad R=\frac{V}{I}〔Ω〕$$

(2) 抵抗R_1〔Ω〕と抵抗R_2〔Ω〕の直列合成抵抗R_S〔Ω〕は，次式で表される．

$$R_S = R_1 + R_2 \text{〔}\Omega\text{〕}$$

(3) 抵抗R_1〔Ω〕と抵抗R_2〔Ω〕の並列合成抵抗R_P〔Ω〕は，次式で表される．

$$R_P = \frac{1}{\dfrac{1}{R_1} + \dfrac{1}{R_2}} = \frac{R_1 \times R_2}{R_1 + R_2} \text{〔}\Omega\text{〕}$$

一般的な解き方！

内部抵抗が無限大の理想的な直流電圧計でab間の電圧V_{ab}〔V〕を測定すると，次のようになる．

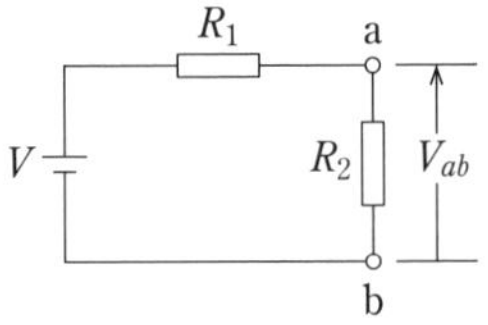

図 8.1

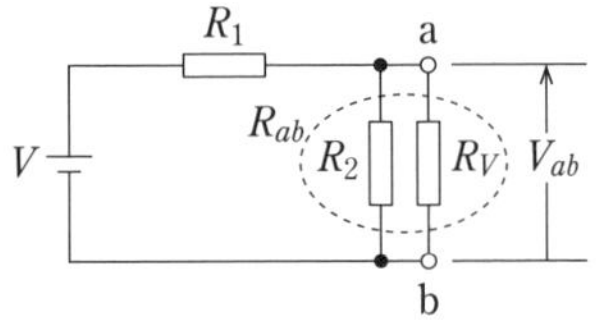

図 8.2

図 8.1 に示す回路を流れる電流I〔A〕は，

$$I = \frac{V}{R_1 + R_2} \text{〔A〕} \qquad \cdots\cdots(1)$$

よって，式(1)と$R_1 = 300$〔kΩ〕$= 300 \times 10^3$〔Ω〕，$R_2 = 100$〔kΩ〕$= 100 \times 10^3$〔Ω〕より，

$$V_{ab} = IR_2 = \left(\frac{V}{R_1 + R_2}\right) R_2 = \frac{R_2 \times V}{R_1 + R_2}$$

$$= \frac{100 \times 10^3 \times 80}{300 \times 10^3 + 100 \times 10^3} = \frac{8{,}000 \times 10^3}{400 \times 10^3} = \frac{8{,}000}{400} = 20 \text{〔V〕} \qquad \cdots\cdots(2)$$

次に，内部抵抗R_Vが900〔kΩ〕$= 900 \times 10^3$〔Ω〕の直流電圧計V_Dでab間の電圧を測定すると，**図 8.2** で示すように，ab間に$R_V = 900$〔kΩ〕$= 900 \times 10^3$〔Ω〕の抵抗が並列に挿入されるので，ab間の抵抗R_{ab}〔Ω〕は，

$$R_{ab} = \frac{R_2 \times R_V}{R_2 + R_V} = \frac{100 \times 10^3 \times 900 \times 10^3}{100 \times 10^3 + 900 \times 10^3} = \frac{90{,}000 \times 10^6}{1{,}000 \times 10^3} = \frac{90{,}000 \times 10^6}{10^6}$$

$$= 90{,}000 \text{〔}\Omega\text{〕} = 90 \times 10^3 \text{〔}\Omega\text{〕} = 90 \text{〔k}\Omega\text{〕} \qquad \cdots\cdots(3)$$

ab間の電圧V_{ab}〔V〕を求めるには，式(2)のR_2をR_{ab}に置き換えて計算すればよいので，

$$V_{ab} = IR_{ab} = \left(\frac{V}{R_1 + R_{ab}}\right) R_{ab} = \frac{R_{ab} \times V}{R_1 + R_{ab}} = \frac{90 \times 10^3 \times 80}{300 \times 10^3 + 90 \times 10^3} = \frac{7{,}200 \times 10^3}{390 \times 10^3}$$

$$= \frac{720}{39} \fallingdotseq 18.5 \text{〔V〕} \qquad \cdots\cdots(4)$$

となる．

誤差は，(測定値)−(真値) であるので，

$18.5-20=-1.5$〔V〕

よって，誤差の大きさ (絶対値) は 1.5〔V〕となる．

正答 3

例題－3　CM形電力計によるSWRの値を求める問題

同軸給電線とアンテナの接続部において，CM形電力計で測定した進行波電力が400〔W〕，反射波電力が25〔W〕であるとき，接続部における定在波比 (SWR) の値として，最も近いものを下の番号から選べ．

1　1.1
2　1.4
3　1.7
4　2.0
5　2.5

問題を解くヒント！

(1) 定在波比 (SWR) は定在波の最大値 V_{max} と最小値 V_{min} の比，V_{max}/V_{min} で表される．

(2) 進行波電圧を V_f〔V〕，反射波電圧を V_r〔V〕とすると，$V_{max}=V_f+V_r$，$V_{min}=V_f-V_r$ となる．

使う公式

(1) 進行波電圧を V_f〔V〕，反射波電圧を V_r〔V〕，反射係数を $\Gamma=\dfrac{V_r}{V_f}$ とすると，SWR は，次式で表される．

$$\mathrm{SWR}=\frac{V_{max}}{V_{min}}=\frac{V_f+V_r}{V_f-V_r}=\frac{1+\dfrac{V_r}{V_f}}{1-\dfrac{V_r}{V_f}}=\frac{1+\Gamma}{1-\Gamma}$$

(2) 進行波電力 P_f〔W〕，反射波電力 P_r〔W〕が与えられている場合の SWR は，次式で表される．

$$\mathrm{SWR}=\frac{V_f+V_r}{V_f-V_r}=\frac{\sqrt{P_f}+\sqrt{P_r}}{\sqrt{P_f}-\sqrt{P_r}}$$

電圧は電力の平方根で計算できるよ.

一般的な解き方!

進行波電力を P_f〔W〕, 反射波電力を P_r〔W〕とすると, SWR は, 次式で表される.

$$\mathrm{SWR}=\frac{\sqrt{P_f}+\sqrt{P_r}}{\sqrt{P_f}-\sqrt{P_r}} \qquad \cdots\cdots(1)$$

式(1)に, $P_f=400$〔W〕, $P_r=25$〔W〕を代入すると,

$$\mathrm{SWR}=\frac{\sqrt{P_f}+\sqrt{P_r}}{\sqrt{P_f}-\sqrt{P_r}}=\frac{\sqrt{400}+\sqrt{25}}{\sqrt{400}-\sqrt{25}}=\frac{20+5}{20-5}=\frac{25}{15}=\frac{5}{3}\fallingdotseq 1.7$$

となる.

簡易的な解き方!

反射係数を Γ とすると, $\Gamma=\dfrac{\text{反射波電圧}}{\text{進行波電圧}}=\dfrac{\sqrt{\text{反射波電力}}}{\sqrt{\text{進行波電力}}}$ であるので,

$$\Gamma=\frac{\sqrt{25}}{\sqrt{400}}=\frac{5}{20}=\frac{1}{4}$$

よって, 定在波比SWR は,

$$\mathrm{SWR}=\frac{1+\Gamma}{1-\Gamma}=\frac{1+\dfrac{1}{4}}{1-\dfrac{1}{4}}=\frac{\dfrac{5}{4}}{\dfrac{3}{4}}=\frac{5}{3}\fallingdotseq 1.7$$

となる.

正答 3

例題－4　CM形電力計による反射波電力の値を求める問題

同軸給電線とアンテナの接続部において，CM形電力計で測定した進行波電力が625〔W〕，定在波比（SWR）が1.5であるとき，接続部における反射波電力の値として，正しいものを下の番号から選べ.

1　15〔W〕
2　20〔W〕
3　25〔W〕
4　30〔W〕
5　35〔W〕

問題を解くヒント！

「例題－3」と考え方は同じだが，この問題では反射波電力を求める.

使う公式

「例題－3」のSWRを求める公式を使う.

この式から，反射波電力を求めるよ.

一般的な解き方！

進行波電力を P_f〔W〕，反射波電力を P_r〔W〕とすると，SWRは，次式で表される.

$$\mathrm{SWR}=\frac{\sqrt{P_f}+\sqrt{P_r}}{\sqrt{P_f}-\sqrt{P_r}} \qquad \cdots\cdots(1)$$

式(1)に，$P_f=625$〔W〕，SWR＝1.5を代入して P_r〔W〕を求めると，

$$1.5=\frac{\sqrt{625}+\sqrt{P_r}}{\sqrt{625}-\sqrt{P_r}}=\frac{25+\sqrt{P_r}}{25-\sqrt{P_r}} \qquad \cdots\cdots(2)$$

式(2)より，

$$1.5\,(25-\sqrt{P_r}\,)=25+\sqrt{P_r}$$

$$37.5-1.5\sqrt{P_r}=25+\sqrt{P_r}$$

$$2.5\sqrt{P_r}=12.5$$

$$\sqrt{P_r}=\frac{12.5}{2.5}=5$$

よって，

$P_r = 5^2 = 25$〔W〕

となる．

正答 3

例題－5　送信機の出力電力の値を求める問題

送信機の出力電力を24〔dB〕の減衰器を通過させて電力計で測定したとき，その指示値が8〔mW〕であった．この送信機の出力電力の値として，最も近いものを下の番号から選べ．ただし，$\log_{10}2 \fallingdotseq 0.3$とする．

1　0.5〔W〕
2　1.0〔W〕
3　1.5〔W〕
4　2.0〔W〕
5　2.5〔W〕

問題を解くヒント！

(1) 24〔dB〕の減衰器の真数（倍率）を求める．
(2) $\log_{10} 2 \fallingdotseq 0.3$ より，$10^{0.3} \fallingdotseq 2$ である．

使う公式

減衰器の真数（倍率）を x として，dB表示すると，

$10 \log_{10} x$〔dB〕

となる．

一般的な解き方！

24〔dB〕の減衰器の真数（倍率）を x とすると，減衰はマイナスなので，

$$-24 = 10 \log_{10} x \quad \cdots\cdots(1)$$

式(1)の両辺を10で割ると，

$$-2.4 = \log_{10} x \quad \cdots\cdots(2)$$

式(2)より，

$$x=10^{-2.4}=\frac{1}{10^{2.4}}=\frac{1}{10^{(3-0.6)}}=\frac{1}{10^{3}\times10^{-0.6}}$$

$$=\frac{10^{0.6}}{10^{3}}=\frac{10^{(0.3+0.3)}}{10^{3}}=\frac{10^{0.3}\times10^{0.3}}{10^{3}}=\frac{2\times2}{1{,}000}=\frac{1}{250}$$

となる．

24〔dB〕の減衰器は送信機の出力電力を 1/250 に低減するので，送信機の出力電力は，

$$8\,[\mathrm{mW}]\times250=2{,}000\,[\mathrm{mW}]=2\times10^{3}\,[\mathrm{mW}]=2\,[\mathrm{W}]$$

となる．

正答 4

例題－6　オシロスコープの観測波形からパルス繰り返し周期と周波数及び平均値を求める問題

次の記述は，図に示すオシロスコープで観測したパルス電圧波形について述べたものである．[　　]内に入れるべき字句の正しい組合せを下の番号から選べ．

(1) パルス繰り返し周期は，[A]である．

(2) パルス繰り返し周波数は，[B]である．

(3) 図の a の目盛の電圧が 0〔V〕のとき，この波形の電圧の平均の値は 0.6〔V〕よりも [C]．

	A	B	C
1	80〔μS〕	10.0〔kHz〕	大きい
2	80〔μS〕	12.5〔kHz〕	小さい
3	50〔μS〕	12.5〔kHz〕	大きい
4	50〔μS〕	10.0〔kHz〕	小さい

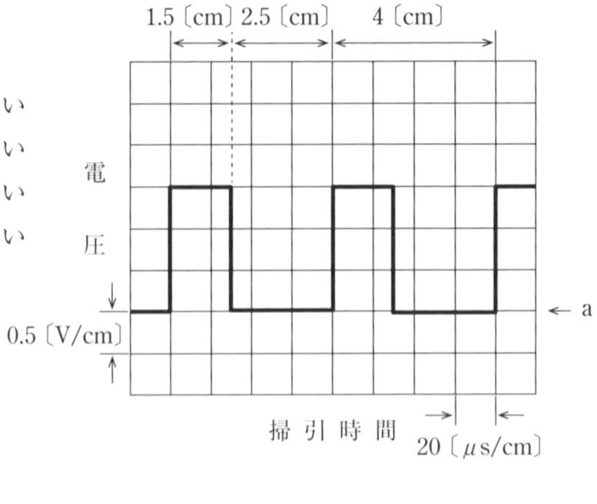

問題を解くヒント！

オシロスコープの画面から周期とパルス電圧の最大値を読み取る．

使う公式

周波数 f〔Hz〕と周期 T〔s〕の関係は，次式が成立する.

$$f=\frac{1}{T}\ \text{〔Hz〕}$$

一般的な解き方！

(1) オシロスコープの横軸は時間〔s〕，縦軸は電圧〔V〕である．問題図の波形の周期は横軸 4 目盛分である．横軸 1 目盛が 20〔μs〕であるので，パルス繰り返し周期 T〔s〕は，

$$T=4\times20=\underline{80\ \text{〔}\mu\text{s〕}}$$

(2) パルス繰り返し周期 T が 80〔μs〕$=80\times10^{-6}$〔s〕なので，パルス繰り返し周波数 f〔Hz〕は，

$$f=\frac{1}{T}=\frac{1}{80\times10^{-6}}=\frac{1}{8\times10^{-5}}=\frac{10^5}{8}=\frac{100}{8}\times10^3=12.5\times10^3\ \text{〔Hz〕}=\underline{12.5\ \text{〔kHz〕}}$$

(3) 平均値を V_a〔V〕とすると，パルス電圧の最大値は縦軸 3 目盛分なので $3\times0.5=1.5$〔V〕，パルス波が出ている時間は，横軸 1.5 目盛分なので $1.5\times20\times10^{-6}=30\times10^{-6}$〔s〕となり，

$$V_a=\frac{1.5\times30\times10^{-6}}{T}=\frac{1.5\times30\times10^{-6}}{80\times10^{-6}}=\frac{4.5}{8}\fallingdotseq0.56\ \text{〔V〕}$$

よって，平均値は 0.6〔V〕より小さい.

正答 2

例題－7　オシロスコープの観測波形から位相差を求める問題

2現象オシロスコープに，周波数の等しい二つの正弦波交流電圧を加えたとき，図に示すような波形が得られた．交流電圧の位相差として，最も近いものを下の番号から選べ.

1　$5\pi/6$〔rad〕
2　$\pi/4$〔rad〕
3　$3\pi/4$〔rad〕
4　$\pi/3$〔rad〕
5　$2\pi/3$〔rad〕

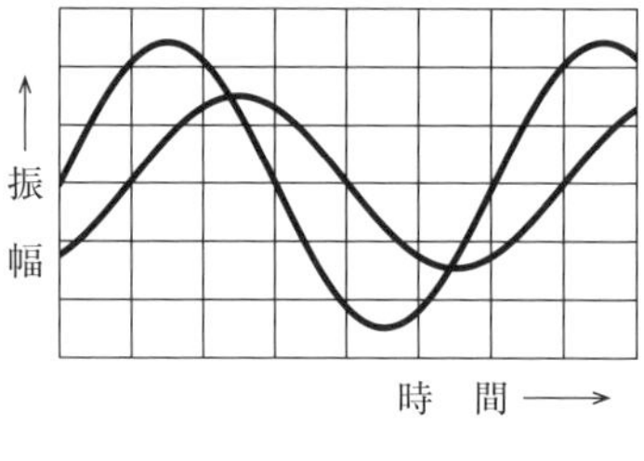

問題を解くヒント！

オシロスコープの画面から周期と位相差を読み取る．

使う公式

周期 T〔s〕は 2π〔rad〕に等しい．

一般的な解き方！

二つの正弦波交流電圧の周期 T〔s〕は，ともに横軸の 6 目盛分で同じである．

周期 T＝横軸 6 目盛分＝2π〔rad〕であり，二つの交流電圧の位相差 ϕ は横軸の 1 目盛分である．よって，次の関係が成立する．

6〔目盛〕：2π〔rad〕＝1〔目盛〕：ϕ〔rad〕　　……(1)

式(1)より，

$$6\times\phi=2\pi\times1$$

$$\phi=\frac{2\pi\times1}{6}=\frac{\pi}{3}\text{〔rad〕}$$

となる．

正答 4

例題－8　接地板の接地抵抗の値を求める問題

図は，接地板の接地抵抗を測定するときの概略図である．図において端子①－②，①－③，②－③ 間の抵抗値がそれぞれ 8〔Ω〕，5〔Ω〕，7〔Ω〕のとき，端子①に接続された接地板の接地抵抗の値として，正しいものを下の番号から選べ．ただし，補助接地棒の長さ，接地板と補助接地棒の配置及び相互の距離は適切に設定されているものとする．

1　1.5〔Ω〕
2　2.0〔Ω〕
3　2.5〔Ω〕
4　3.0〔Ω〕
5　3.5〔Ω〕

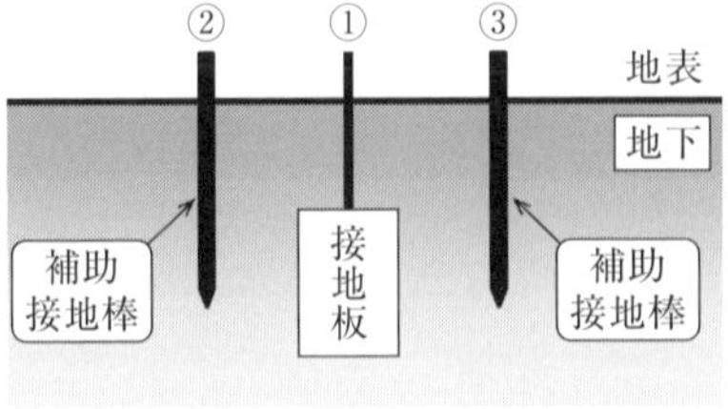

問題を解くヒント！

接地板の接地抵抗R_1を直接測定することはできないので，補助接地棒を2本使用し，端子①−②間の抵抗，端子①−③間の抵抗，端子②−③間の抵抗を測定して求める．

使う公式

①の接地板の抵抗をR_1，②の補助接地棒の抵抗をR_2，③の補助接地棒の抵抗をR_3，端子①−②間の抵抗をR_{12}，端子①−③間の抵抗をR_{13}，端子②−③間の抵抗をR_{23}とすると，次式が成立する．

$$R_1 + R_2 = R_{12} \quad \cdots\cdots (1)$$

$$R_1 + R_3 = R_{13} \quad \cdots\cdots (2)$$

$$R_2 + R_3 = R_{23} \quad \cdots\cdots (3)$$

R_{12}，R_{13}，R_{23}は実際に測定可能であるので，上記の式(1)〜(3)の方程式を解くことにより，R_1を求めることができる．

一般的な解き方！

①の接地板の抵抗をR_1，②の補助接地棒の抵抗をR_2，③の補助接地棒の抵抗をR_3とすると，次式が成立する．

$$R_1 + R_2 = 8\,[\Omega] \quad \cdots\cdots (1)$$

$$R_1 + R_3 = 5\,[\Omega] \quad \cdots\cdots (2)$$

$$R_2 + R_3 = 7\,[\Omega] \quad \cdots\cdots (3)$$

式(2)−式(3)を計算すると，

$$\begin{array}{rr} & R_1 + R_3 = 5 \\ -) & R_2 + R_3 = 7 \\ \hline & R_1 - R_2 = -2 \end{array} \quad \cdots\cdots (4)$$

式(1)+式(4)を計算すると，

$$\begin{array}{rr} & R_1 + R_2 = 8 \\ +) & R_1 - R_2 = -2 \\ \hline & 2R_1 = 6 \end{array}$$

よって，

$$R_1 = 3\,[\Omega]$$

となる．

正答 4

第一級アマチュア無線技士

こうすればむずかしい計算問題も
スラスラ解ける!!

コレなら解ける！無線工学の計算問題

第2部
計算問題公式集

$\frac{\lambda}{2\pi}$ $Z_0=\frac{L}{CR}$ $\frac{10\times(1+j)}{1-j^2}$

$f_M=f_c\sec\theta$ $\frac{60-j60}{1-j}$

$t=\frac{\phi}{2\pi f}$ $\log_{10}x$

一アマ対応

一アマ国家試験　無線工学の計算問題を解くためにぜひ知っておきたい公式集です．本書では，一般的な公式と簡略化した公式を紹介してありますので，ご自分に適していると思われるほうの活用をおすすめします．

電気物理関連　公式

■　クーロンの法則

$$F=\frac{Q_1Q_2}{4\pi\varepsilon_0r^2}=k\frac{Q_1Q_2}{r^2}=9\times10^9\times\frac{Q_1Q_2}{r^2}$$

F：電荷に働く力〔N〕

k：真空（≒空気）中の比例定数〔N・m^2/C^2〕

ε_0：真空中の誘電率〔F/m〕

Q_1，Q_2：点電荷の電気量〔C〕

r：Q_1，Q_2間の距離〔m〕

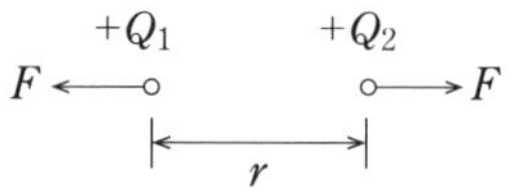

■　磁気に関するクーロンの法則

$$F=\frac{m_1m_2}{4\pi\mu_0r^2}$$

F：二つの磁極間に働く力〔N〕

μ_0：真空中の透磁率〔H/m〕

m_1，m_2：二つの磁極の強さ〔Wb〕

r：二つの磁極間の距離〔m〕

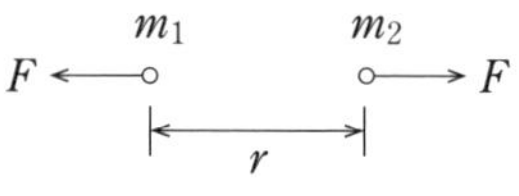

■　電界の強さE〔V/m〕

$$E=\frac{Q}{4\pi\varepsilon_0r^2}=k\frac{Q}{r^2}=9\times10^9\times\frac{Q}{r^2}$$

Q：点電荷の電気量〔C〕

ε_0：真空中の誘電率〔F/m〕

r：点電荷からの距離〔m〕

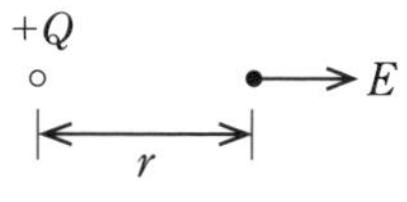

■ 均一な電界中の電荷に働く力 F〔N〕

$$F=QE$$

Q：点電荷〔C〕

E：電界〔V/m〕

■ 均一な電界中の電位差 V〔V〕

$$V=Er$$

E：電界〔V/m〕

r：2点間の距離〔m〕

■ 磁界の強さ H〔A/m〕

$$H=\frac{m}{4\pi\mu_0 r^2}$$

μ_0：真空中の透磁率〔H/m〕

m：磁極の強さ〔Wb〕

r：磁極からの距離〔m〕

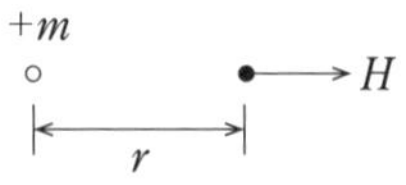

■ 磁束密度 B〔T〕

$$B=\frac{m}{4\pi r^2}=\mu_0 H$$

μ_0：真空中の透磁率〔H/m〕

m：磁極の強さ〔Wb〕

r：磁極からの距離〔m〕

H：磁界の強さ〔A/m〕

■ ビオ・サバールの法則

導線の微小部分$\Delta \ell$〔m〕を流れる電流I〔A〕によって$\Delta \ell$となす角がθで，r〔m〕の距離にある点に生じる磁界ΔH〔A/m〕は，

$$\Delta H = \frac{I \Delta \ell}{4\pi r^2} \times \sin\theta$$

$$\sin 90^\circ = 1$$

$$\sin 60^\circ = \frac{\sqrt{3}}{2}$$

$$\sin 45^\circ = \frac{1}{\sqrt{2}}$$

$$\sin 30^\circ = \frac{1}{2}$$

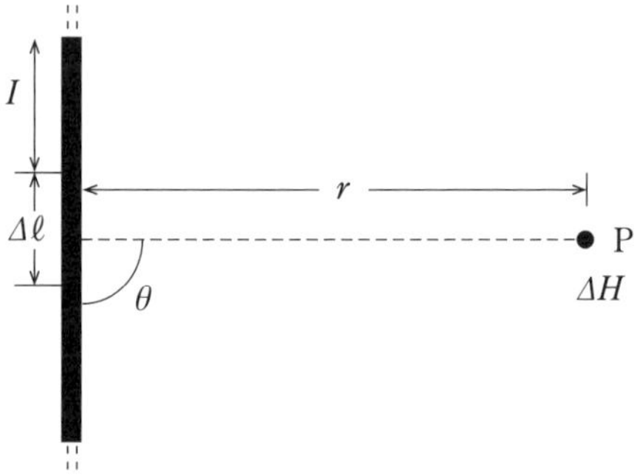

注：Δは，ギリシャ文字でデルタと読む．

■ コンデンサに蓄えられる電荷Q〔C〕

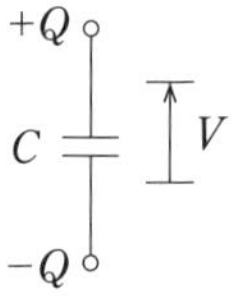

$$Q = CV$$

C：コンデンサの静電容量〔F〕

V：コンデンサに加わる電圧〔V〕

■ コンデンサの静電容量C〔F〕

$$C = \varepsilon \frac{S}{d}$$

$$\varepsilon = \varepsilon_s \varepsilon_0$$

C：コンデンサの静電容量〔F〕

d：電極間の距離〔m〕

S：電極の面積〔m^2〕

ε：誘電体の誘電率〔F/m〕

ε_s：誘電体の比誘電率

ε_0：真空中の誘電率〔F/m〕

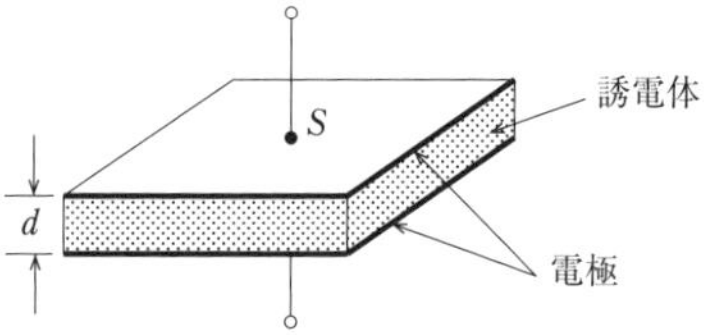

■ コンデンサの直列接続

$$C_S=\frac{1}{\frac{1}{C_1}+\frac{1}{C_2}+\frac{1}{C_3}}$$

C_S：合成静電容量〔F〕

C_1，C_2，C_3：静電容量〔F〕

■ 二つのコンデンサの直列接続

$$C_S=\frac{1}{\frac{1}{C_1}+\frac{1}{C_2}}=\frac{C_1\times C_2}{C_1+C_2}$$

C_S：合成静電容量〔F〕

C_1，C_2：静電容量〔F〕

■ コンデンサの並列接続

$$C_P=C_1+C_2+C_3$$

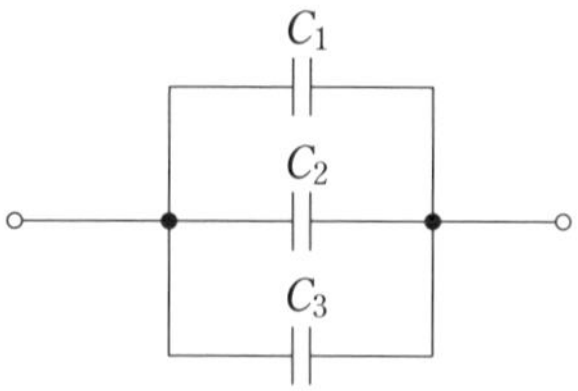

C_P：合成静電容量〔F〕

C_1，C_2，C_3：静電容量〔F〕

■ コンデンサに蓄えられるエネルギー *W*〔J〕

$$W=\frac{1}{2}QV=\frac{1}{2}CV^2=\frac{1}{2}\times\frac{Q^2}{C}$$

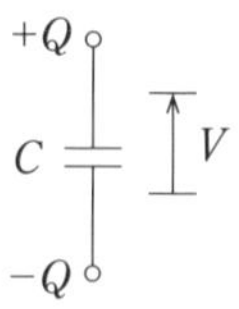

V：コンデンサに加えられる電圧〔V〕

Q：コンデンサに蓄えられる電荷の電気量〔C〕

C：コンデンサの静電容量〔F〕

■ 導体の抵抗R〔Ω〕

$$R = \rho \frac{\ell}{S}$$

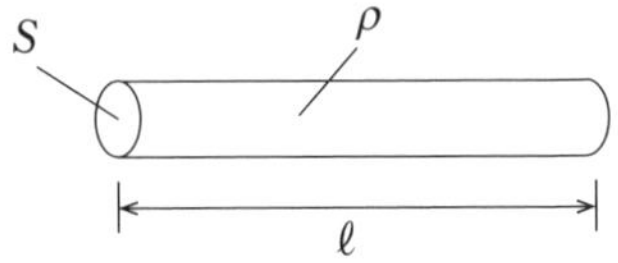

R：導体の抵抗〔Ω〕

ℓ：導体の長さ〔m〕

S：導体の断面積〔m^2〕

ρ：導体の抵抗率〔Ω・m〕

注：ρは，ギリシャ文字でローと読む．

■ 二つのコイルの直列接続のときの合成インダクタンスL〔H〕

二つのコイル間に電磁結合のない場合

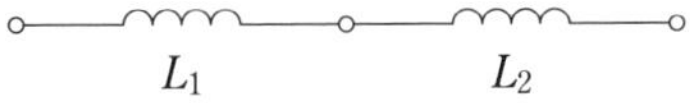

$$L = L_1 + L_2$$

L：コイルの合成インダクタンス〔H〕

L_1，L_2：それぞれのコイルのインダクタンス〔H〕

二つのコイルの磁束が加わる場合（和動接続）

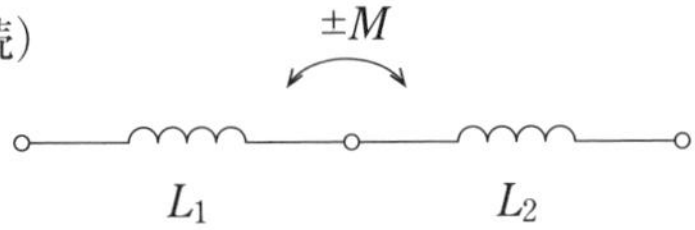

$$L = L_1 + L_2 + 2M$$

二つのコイルの磁束が打ち消し合う場合（差動接続）

$$L = L_1 + L_2 - 2M$$

L_1，L_2：それぞれのコイルのインダクタンス〔H〕

M：L_1，L_2間の相互インダクタンス〔H〕

■ コイルの間の結合係数 k

$$k=\frac{M}{\sqrt{L_1L_2}}$$

k：二つのコイル間の結合係数

L_1，L_2：それぞれのコイルのインダクタンス〔H〕

M：L_1，L_2間の相互インダクタンス〔H〕

■ 二つのコイルの並列接続のときの合成インダクタンス L〔H〕

二つのコイル間に電磁結合のない場合

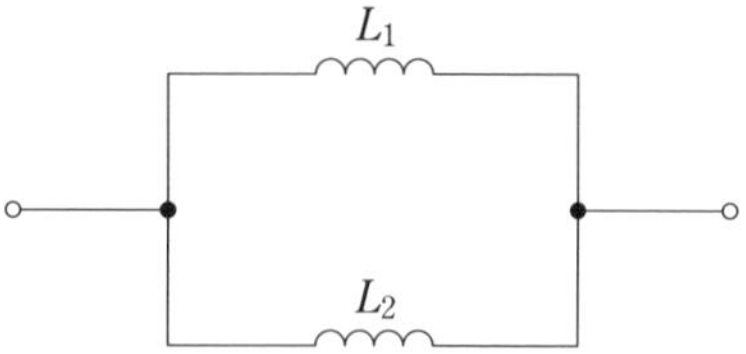

$$L=\frac{L_1L_2}{L_1+L_2}$$

L：コイルの合成インダクタンス〔H〕

L_1，L_2：それぞれのコイルのインダクタンス〔H〕

■ 結合用変成器の入力インピーダンス〔Ω〕

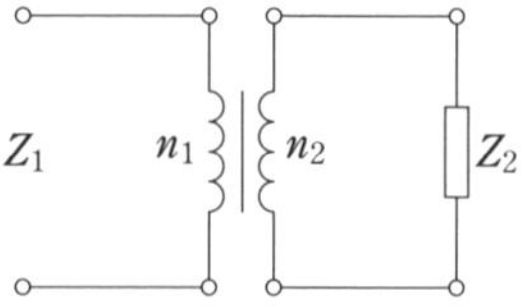

$$Z_1=\left(\frac{n_1}{n_2}\right)^2 Z_2$$

Z_1：一次側のインピーダンス〔Ω〕

Z_2：二次側のインピーダンス〔Ω〕

n_1：一次側の変成器の巻線の数〔回〕

n_2：二次側の変成器の巻線の数〔回〕

■ パルスの繰り返し周波数 f〔Hz〕

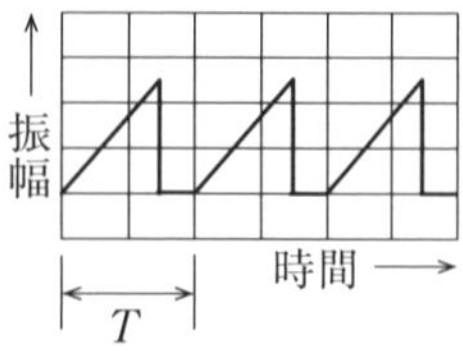

$$f=\frac{1}{T}$$

f：パルスの繰り返し周波数〔Hz〕

T：パルスの繰り返し周期〔s〕

電気回路関連　公式

■ オームの法則

$$I=\frac{V}{R}$$

I：電流〔A〕

V：電圧〔V〕

R：抵抗〔Ω〕

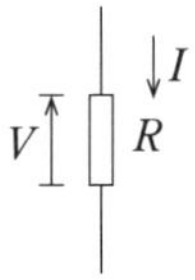

■ 抵抗の直列接続

$$R_S=R_1+R_2+R_3$$

R_S：合成抵抗〔Ω〕

R_1，R_2，R_3：抵抗〔Ω〕

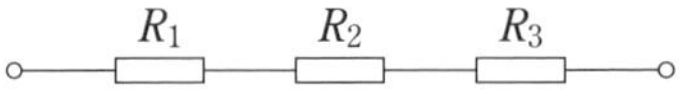

■ 抵抗の並列接続

$$R_P=\frac{1}{\dfrac{1}{R_1}+\dfrac{1}{R_2}+\dfrac{1}{R_3}}$$

R_P：合成抵抗〔Ω〕

R_1，R_2，R_3：抵抗〔Ω〕

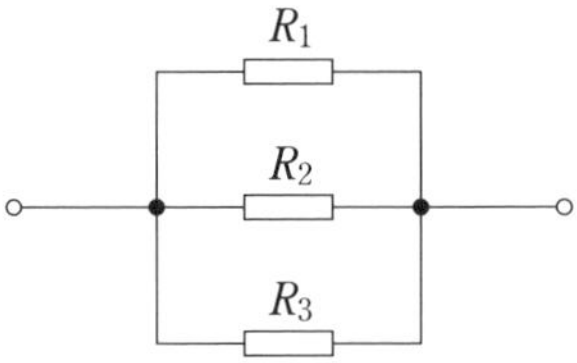

■ 二つの抵抗の並列接続

$$R_P=\frac{1}{\dfrac{1}{R_1}+\dfrac{1}{R_2}}=\frac{R_1\times R_2}{R_1+R_2}$$

R_P：合成抵抗〔Ω〕

R_1，R_2：抵抗〔Ω〕

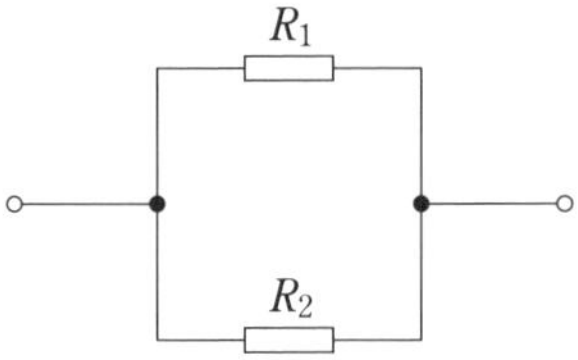

■ ブリッジ回路の平衡条件

$R_1R_4=R_2R_3$のとき，ab間の電位差V_{ab}はゼロになる．

R_1，R_2，R_3，R_4：抵抗〔Ω〕

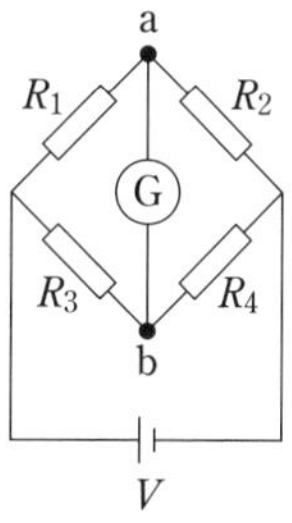

■ キルヒホッフの法則

第１法則（電流則）

回路の接続点に流れ込む電流と流れ出す電流の和は０になる．ただし，接続点に流れ込む方向をプラス，流れ出す方向をマイナスとする．

図においては，$I_1-I_2-I_3=0$となる．

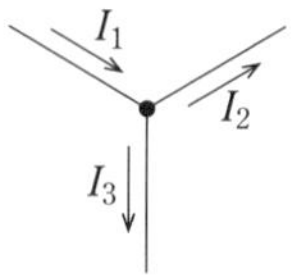

第２法則（電圧則）

任意の閉回路において，起電力の和は電圧降下の和に等しい．

図においては，$V_1+V_2=R_1I_1+R_2I_2$となる．

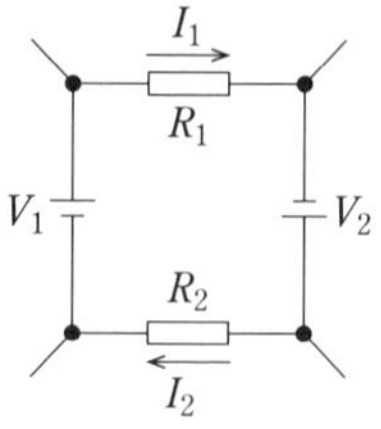

■ ミルマンの定理

電圧V_1，V_2，V_3〔V〕と抵抗R_1，R_2，R_3〔Ω〕の直列回路が並列に接続された回路の端子電圧V〔V〕を求める．

$$V=\frac{\dfrac{V_1}{R_1}+\dfrac{V_2}{R_2}+\dfrac{V_3}{R_3}}{\dfrac{1}{R_1}+\dfrac{1}{R_2}+\dfrac{1}{R_3}}\text{〔V〕}$$

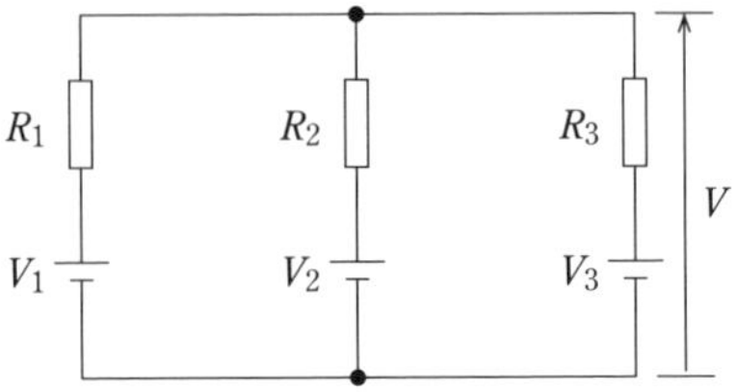

■ 抵抗RとコイルのリアクタンスX_Lの直列回路の合成インピーダンス$\dot{Z}$〔Ω〕

$\dot{Z}=R+jX_L$　　その大きさ　$|\dot{Z}|=\sqrt{R^2+{X_L}^2}$

■ 抵抗RとコンデンサのリアクタンスX_Cの直列回路の合成インピーダンス$\dot{Z}$〔Ω〕

$\dot{Z}=R-jX_C$　　その大きさ　$|\dot{Z}|=\sqrt{R^2+{X_C}^2}$

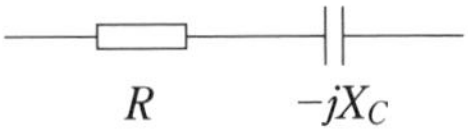

$\dot{Z}$：直列回路の合成インピーダンス〔Ω〕

R：抵抗〔Ω〕

X_L：コイルのリアクタンス（$X_L=\omega L=2\pi fL$）〔Ω〕

X_C：コンデンサのリアクタンス$\left(X_C=\dfrac{1}{\omega C}=\dfrac{1}{2\pi fC}\right)$〔Ω〕

注：$\dot{Z}$は，ゼットドットと読む．

■ 抵抗RとコイルのリアクタンスX_Lの並列回路の合成電流I〔A〕

$I=\sqrt{{I_R}^2+{I_L}^2}$

■ 抵抗RとコンデンサのリアクタンスX_Cの並列回路の合成電流I〔A〕

$I=\sqrt{{I_R}^2+{I_C}^2}$

I_R：抵抗Rに流れる交流電流〔A〕

I_L：コイルLに流れる交流電流〔A〕

I_C：コンデンサCに流れる交流電流〔A〕

■ 抵抗R, コイルL, コンデンサCの直列回路の合成インピーダンスZ〔Ω〕

$$Z=\sqrt{R^2+\left(\omega L-\frac{1}{\omega C}\right)^2}$$

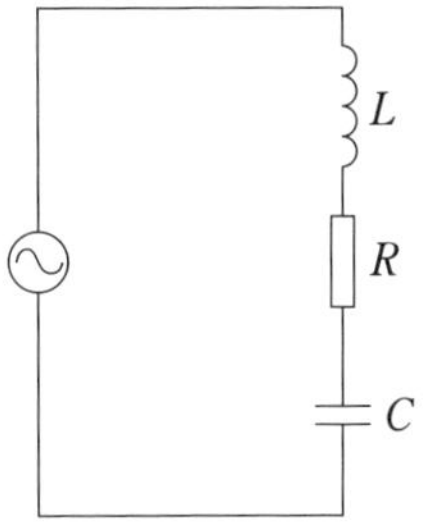

R：抵抗〔Ω〕

$\omega L=2\pi fL$：コイルのリアクタンス〔Ω〕

$\dfrac{1}{\omega C}=\dfrac{1}{2\pi fC}$：コンデンサのリアクタンス〔Ω〕

注：ωは，ギリシャ文字でオメガと読む．

■ 抵抗R，コイルL，コンデンサCの直列共振回路の共振周波数f_r〔Hz〕

$$f_r=\frac{1}{2\pi\sqrt{LC}}$$

f_r：共振周波数〔Hz〕

L：コイルのインダクタンス〔H〕

C：コンデンサの静電容量〔F〕

■ コイルLとコンデンサCの並列共振回路の共振したときのインピーダンスZ〔Ω〕

$$Z=\frac{L}{Cr}$$

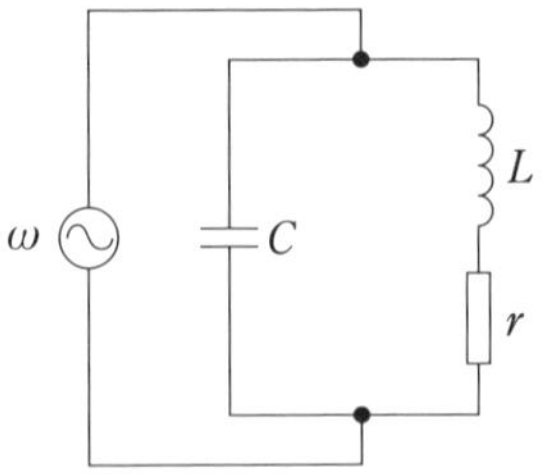

共振周波数f_0〔Hz〕は，

$$f_0=\frac{1}{2\pi\sqrt{LC}}$$

f_0：共振周波数〔Hz〕

r：コイルの直列（実効）抵抗〔Ω〕

L：コイルのインダクタンス〔H〕

C：コンデンサの静電容量〔F〕

■ 直列共振回路のQ

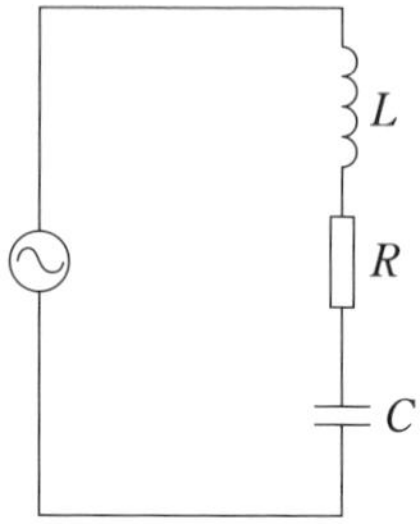

$$Q=\frac{\omega_0 L}{R}$$

$$Q=\frac{1}{\omega_0 CR}$$

$$Q=\frac{1}{R}\sqrt{\frac{L}{C}}$$

$\omega_0=2\pi f_0$：共振角周波数〔rad/s〕

L：コイルのインダクタンス〔H〕

R：直列抵抗〔Ω〕

C：コンデンサの静電容量〔F〕

■ 並列共振回路のQ

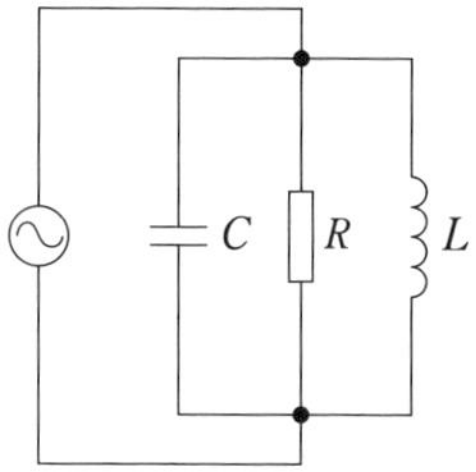

$$Q=\frac{R}{\omega_0 L}$$

$$Q=R\sqrt{\frac{C}{L}}$$

$$Q=\omega_0 CR$$

$\omega_0=2\pi f_0$：共振角周波数〔rad/s〕

L：コイルのインダクタンス〔H〕

R：並列抵抗〔Ω〕

C：コンデンサの静電容量〔F〕

■ 直列共振回路の各部の電圧

$$V_L=V_C=QV$$

V_L：コイルの両端の交流電圧〔V〕

V_C：コンデンサの両端の交流電圧〔V〕

Q：尖鋭度

V：回路に加える交流電圧〔V〕

■ CR回路の過渡現象

$$i=\frac{E}{R}e^{-\frac{t}{CR}}\ 〔\mathrm{A}〕$$

i ：時間とともに変化する電流〔A〕

E：起電力〔V〕

R：抵抗〔Ω〕

e ：自然対数の底（$e=2.718\cdots$）

T：時定数〔s〕（$T=CR$）

C：静電容量〔F〕

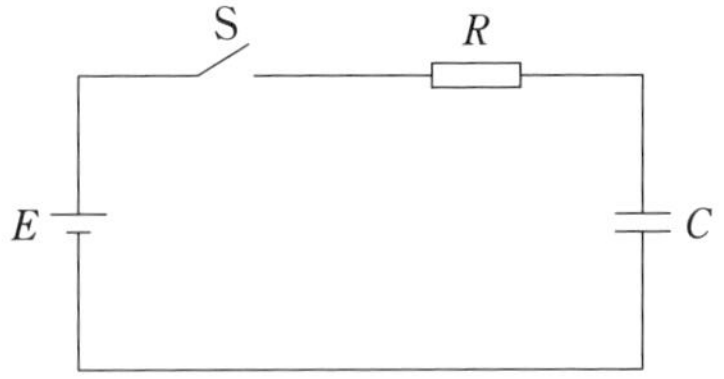

■ LR回路の過渡現象

$$i=\frac{E}{R}\left(1-e^{-\frac{R}{L}t}\right)\ 〔\mathrm{A}〕$$

T：時定数〔s〕$\left(T=\frac{L}{R}\right)$

L：コイルのインダクタンス〔H〕

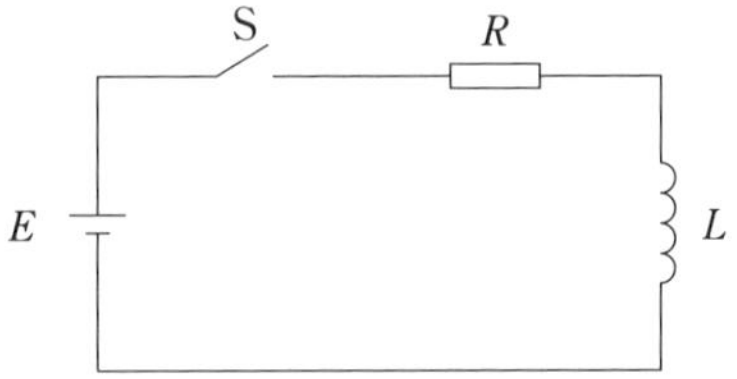

■ 電力P〔W〕

$$P=VI$$

$$=\frac{V^2}{R}=I^2R$$

V：電圧〔V〕

I ：電流〔A〕

R：抵抗〔Ω〕

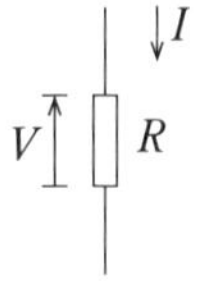

電子回路関連　公式

■ エミッタ接地電流増幅率βとベース接地電流増幅率αとの関係

$$\beta=\frac{\alpha}{1-\alpha}\qquad\alpha=\frac{\beta}{1+\beta}$$

■ エミッタ接地電流増幅率β（$=h_{FE}$）

$$\beta=\frac{\Delta I_C}{\Delta I_B}$$

ΔI_C：コレクタ電流の微小変化〔A〕

ΔI_B：ベース電流の微小変化〔A〕

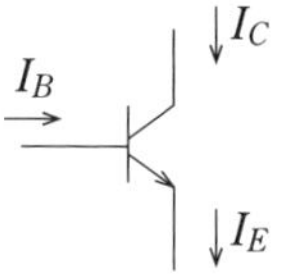

■ エミッタ接地増幅器の電圧増幅度A

$$A=-\frac{h_{fe}R_L}{h_{ie}}$$

h_{ie}：入力インピーダンス〔Ω〕

h_{fe}：電流増幅率

R_L：負荷抵抗〔Ω〕

注：－は逆位相であることを示す

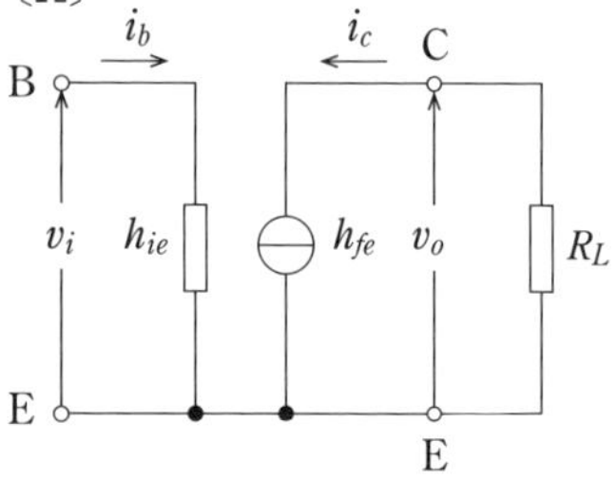

B：ベース
C：コレクタ
E：エミッタ
i_b：ベース電流
i_c：コレクタ電流
v_i：入力交流電圧
v_o：出力交流電圧

■ エミッタ接地増幅器の電力増幅度A_P

$$A_p=\frac{{h_{fe}}^2R_L}{h_{ie}}$$

h_{ie}：入力インピーダンス〔Ω〕

h_{fe}：電流増幅率

R_L：負荷抵抗〔Ω〕

■ 低周波増幅器のひずみ率 K〔%〕

$$K=\frac{\sqrt{V_2^2+V_3^2+\cdots+V_n^2}}{V_1}\times 100$$

V_1：基本波の電圧（実効値）〔V〕

V_2：第 2 高調波の電圧（実効値）〔V〕

V_3：第 3 高調波の電圧（実効値）〔V〕

V_n：第 n 高調波の電圧（実効値）〔V〕

■ 負帰還増幅器の電圧増幅度 A_F

$$A_F=\frac{A}{1+A\beta}$$

A ：負帰還をかけないときの電圧増幅度（真数）

β ：帰還回路の帰還率

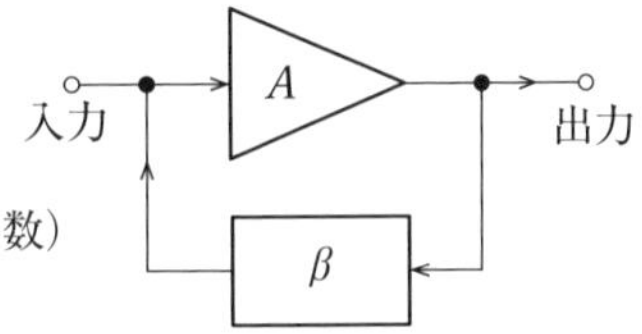

■ FETの相互コンダクタンス g_m〔S〕

$$g_m=\frac{\Delta I_d}{\Delta V_{gs}}$$

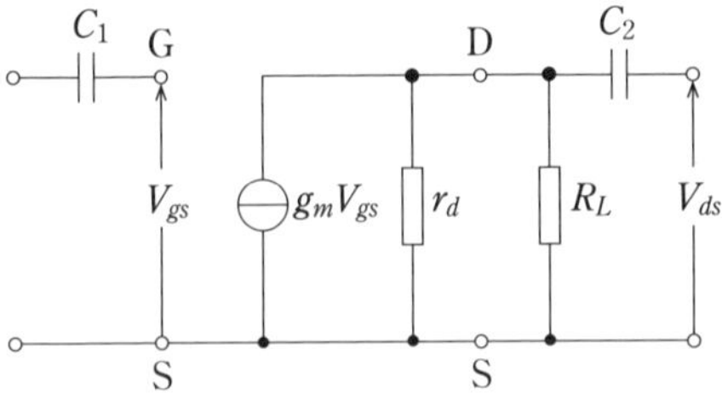

G ：ゲート

D ：ドレイン

S ：ソース

V_{gs}：入力交流電圧

V_{ds}：出力交流電圧

ΔI_d ：ドレイン電流の微小変化〔A〕

ΔV_{gs}：ゲート・ソース間の電圧の微小変化〔V〕

■ FETの電圧増幅率 μ

$$\mu=\frac{\Delta V_{ds}}{\Delta V_{gs}}$$

ΔV_{ds}：ドレイン・ソース間の電圧の微小変化〔V〕

ΔV_{gs}：ゲート・ソース間の電圧の微小変化〔V〕

注：μは，ギリシャ文字でミューと読む．

■ FETのドレイン・コンダクタンス g_d〔S〕

$$g_d=\frac{\Delta I_d}{\Delta V_{ds}}$$

ΔI_d ：ドレイン電流の微小変化〔A〕

ΔV_{ds}：ドレイン・ソース間の電圧の微小変化〔V〕

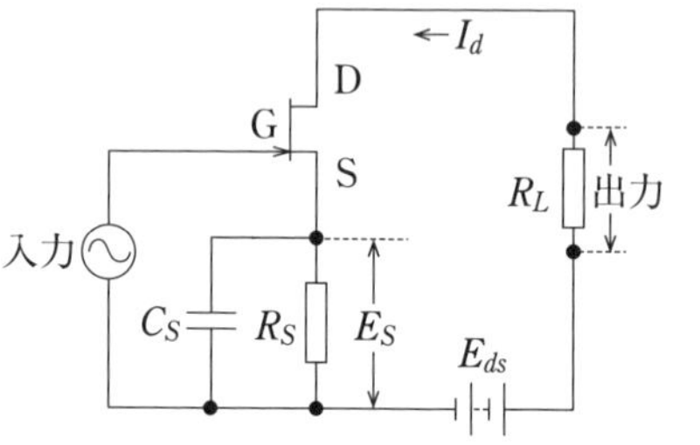

G：ゲート　D：ドレイン　S：ソース

■ FETのソース接地増幅回路の電圧増幅度 A_V

$$A_V=g_m\frac{r_dR_L}{r_d+R_L}$$

ただし，電圧の向きを考えると－（マイナス）となる．

g_m ：相互コンダクタンス〔S〕

r_d ：ドレイン（出力）抵抗〔Ω〕

R_L ：負荷抵抗〔Ω〕

■ 反転形電圧増幅器の電圧増幅度 A_f

$$A_f=\left|\frac{R_2}{R_1}\right|$$

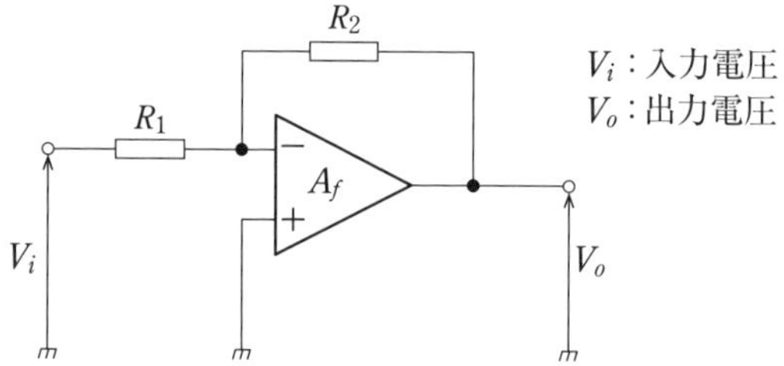

送信機・受信機関連　公式

■ FM電波の占有周波数帯幅 B_n〔Hz〕

$$B_n = 2\ (\Delta f + f_S)$$

Δf：最大周波数偏移〔Hz〕

f_S：変調信号の最高周波数〔Hz〕

■ FM電波の変調指数 m_f

$$m_f = \frac{\Delta f}{f_S}$$

Δf：最大周波数偏移〔Hz〕

f_S：変調信号の最高周波数〔Hz〕

■ 振幅変調波電圧の実効値 V_{AM}〔V〕

$$V_{AM} = V_C \sqrt{1 + \frac{m^2}{2}}$$

V_C：搬送波電圧の実効値〔V〕

m：変調度

■ 振幅変調波の電力 P_{AM}〔W〕

$$P_{AM} = P_C \left(1 + \frac{m^2}{2}\right)$$

P_{AM}：振幅変調された振幅変調波の電力〔W〕

P_C：搬送波電力〔W〕

m：変調度

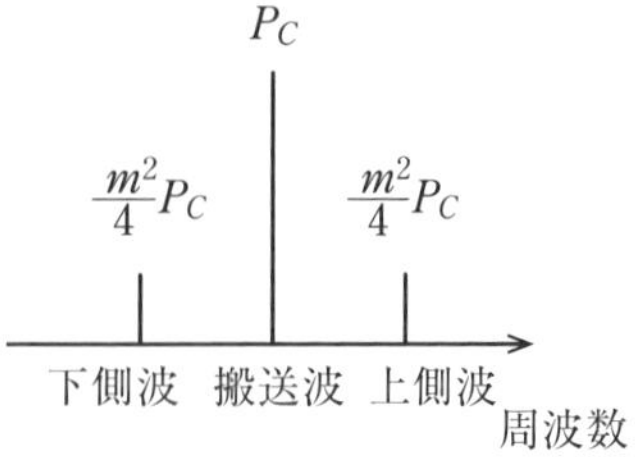

■ 振幅変調波の変調率 m〔%〕

$$m=\frac{b}{a}\times 100$$

a：搬送波の振幅〔V〕

b：信号波の振幅〔V〕

出力の波形から求める場合

$$m=\frac{A-B}{A+B}\times 100$$

A：振幅変調波の最大値

B：振幅変調波の最小値

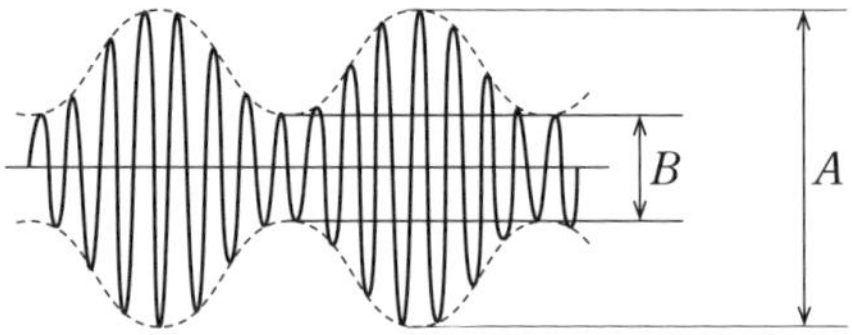

■ スーパヘテロダイン受信機の影像周波数 f_U〔Hz〕

$f_L>f_R$の場合（$f_I=f_L-f_R$）

$$f_U=f_R+2f_I=f_L+f_I$$

$f_L<f_R$の場合（$f_I=f_R-f_L$）

$$f_U=f_R-2f_I=f_L-f_I$$

f_R：受信周波数〔Hz〕

f_I：中間周波数〔Hz〕

f_L：局部発振周波数〔Hz〕

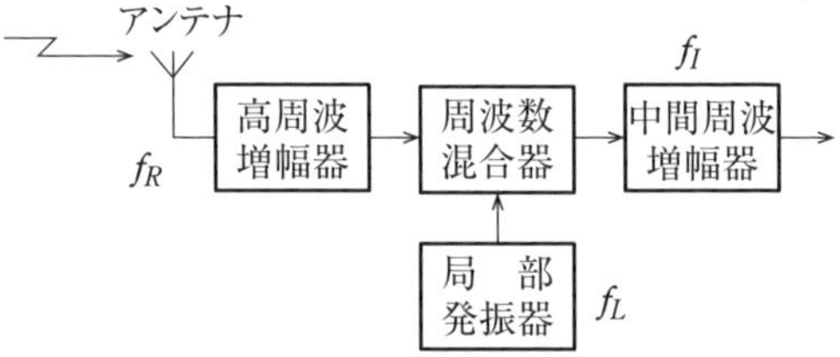

電源関連　公式

■ ダイオードに加わる逆電圧 V_D〔V〕

$$V_D=2\sqrt{2}\times V_e$$

V_e：ダイオードに加える交流電圧の実効値〔V〕

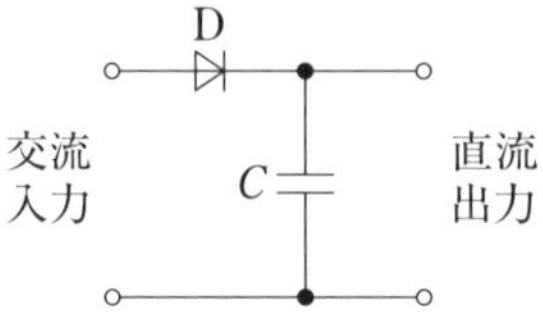

■ 変圧器の効率 η〔%〕

$$\eta=\frac{P_2}{P_1}$$

P_1：一次側の電力〔W〕

P_2：二次側の電力〔W〕

注：η は，ギリシャ文字でイータと読む．

■ 整流回路の直流出力（平均値）電圧 V_a〔V〕

単相半波整流回路

$$V_a=\frac{1}{\pi}V_m$$

単相全波整流回路

$$V_a=\frac{2}{\pi}V_m$$

V_m：整流出力（脈流）電圧の最大値〔V〕

■ 整流回路のリプル率 γ〔%〕

$$\gamma=\frac{V_e}{V_a}\times 100$$

V_e：リプル電圧の実効値〔V〕

V_a：出力の平均電圧（直流分）〔V〕

注：γ は，ギリシャ文字でガンマと読む．

■ 電源の電圧変動率 δ〔%〕

$$\delta=\frac{V_0-V_L}{V_L}\times 100$$

V_0：無負荷時の出力電圧〔V〕

V_L：定格負荷時の出力電圧〔V〕

注：δ は，ギリシャ文字でデルタと読む．

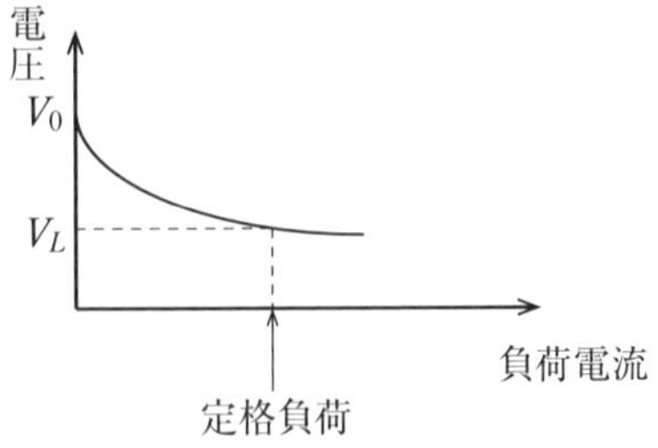

アンテナ・電波伝搬関連　公式

■ アンテナ（空中線）の利得

供試アンテナまたは基準アンテナに異なる電力を加えて，同一場所における
それぞれの電界強度を同じにした場合

$$G_{dB} = 10\log_{10}\frac{P_0}{P} \longleftarrow 10\log_{10}\text{であることに注意}$$

G_{dB}：アンテナの利得〔dB〕

P：供試アンテナに加える電力〔W〕

P_0：基準アンテナに加える電力〔W〕

供試アンテナまたは基準アンテナに同一の電力を加えて，同一場所における
それぞれの電界強度を比較した場合

$$G_{dB} = 20\log_{10}\frac{E}{E_0} \longleftarrow 20\log_{10}\text{であることに注意}$$

G_{dB}：アンテナの利得〔dB〕

E：供試アンテナの電界強度〔V/m〕

E_0：基準アンテナの電界強度〔V/m〕

■ 絶対利得と相対利得

絶対利得＝相対利得＋2.15〔dB〕

■ アンテナの固有周波数 f〔Hz〕

$$f = \frac{1}{2\pi\sqrt{LC}}$$

L：アンテナの実効インダクタンス〔H〕

C：アンテナの実効キャパシタンス〔F〕

■ 電波の波長λ〔m〕と周波数f〔Hz〕の関係

$$\lambda = \frac{3 \times 10^8}{f}$$

周波数fの単位をMHzとすれば，

$$\lambda = \frac{300}{f\text{〔MHz〕}}$$

注：λは，ギリシャ文字でラムダと読む．

■ 1/4波長接地アンテナの実効高h_e〔m〕

$$h_e = \frac{\lambda}{2\pi}$$

λ：電波の波長〔m〕

■ 半波長ダイポールアンテナの実効長ℓ_e〔m〕

$$\ell_e = \frac{\lambda}{\pi}$$

λ：電波の波長〔m〕

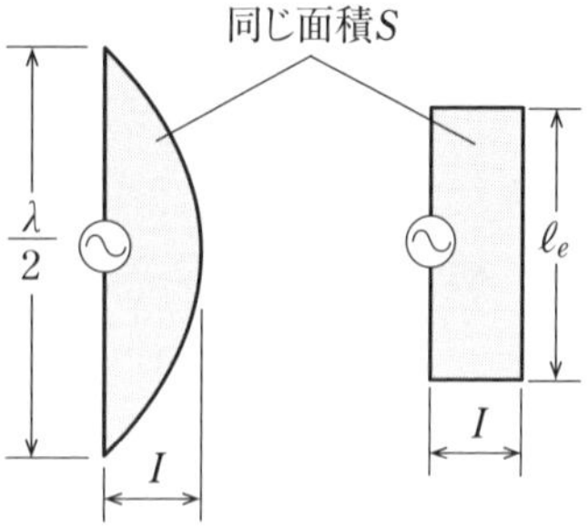

■ 円形枠形アンテナの実効高h_e〔m〕

$$h_e = \frac{2\pi AN}{\lambda}$$

A：円形の面積〔m^2〕

N：巻数〔回〕

λ：電波の波長〔m〕

■ アンテナの放射電力 P〔W〕

$$P = I_a^2 R_r$$

I_a：アンテナ電流〔A〕

R_r：放射抵抗〔Ω〕

■ アンテナの放射効率 η

$$\eta = \frac{P_r}{P}$$

P_r：アンテナから放射される電力〔W〕

P：アンテナに供給される電力〔W〕

■ 受信アンテナの誘起電圧 V〔V〕

$$V = \frac{E \ell_e}{2}$$

E：電界強度〔V/m〕

ℓ_e：アンテナの実効長〔m〕

■ 相対利得 G_D のアンテナの電界強度 E〔V/m〕

$$E = \frac{7\sqrt{G_D P}}{d}$$

G_D：アンテナの相対利得〔倍〕

P：アンテナの放射電力〔W〕

d：アンテナからの距離〔m〕

■ アンテナに供給される電力P〔W〕

$$P = P_f - P_r$$

P_f：進行波電力〔W〕

P_r：反射波電力〔W〕

$\dot{Z}_R$：アンテナの負荷

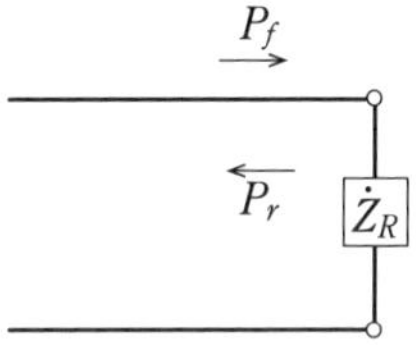

■ 電圧定在波比（VSWR）

電圧で表す場合

$$\mathrm{VSWR} = \frac{V_{max}}{V_{min}} = \frac{V_f + V_r}{V_f - V_r} = \frac{1 + \dfrac{V_r}{V_f}}{1 - \dfrac{V_r}{V_f}} = \frac{1 + \Gamma}{1 - \Gamma}$$

V_{max}：給電線上の電圧最大点の電圧〔V〕

V_{min}：給電線上の電圧最小点の電圧〔V〕

V_f：進行波電圧〔V〕

V_r：反射波電圧〔V〕

Γ：電圧反射係数の大きさ

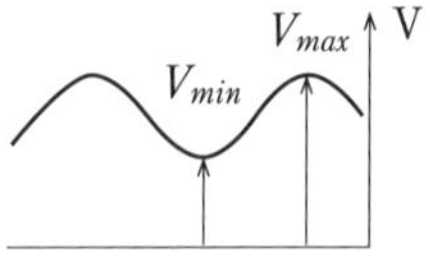

電力で表す場合

$$\mathrm{VSWR} = \frac{V_{max}}{V_{min}} = \frac{V_f + V_r}{V_f - V_r} = \frac{\sqrt{P_f} + \sqrt{P_r}}{\sqrt{P_f} - \sqrt{P_r}} = \frac{1 + \sqrt{\dfrac{P_r}{P_f}}}{1 - \sqrt{\dfrac{P_r}{P_f}}} = \frac{1 + \Gamma}{1 - \Gamma}$$

P_f：進行波電力〔W〕

P_r：反射波電力〔W〕

注：Γは，ギリシャ文字でガンマと読む．

■ 給電線の特性インピーダンス Z_0〔Ω〕

$$Z_0=\sqrt{\frac{R+j\omega L}{G+j\omega C}}$$

$$\fallingdotseq\sqrt{\frac{L}{C}}$$

R：給電線1〔m〕当たりの抵抗〔Ω〕

C：給電線1〔m〕当たりの静電容量〔F〕

L：給電線1〔m〕当たりのインダクタンス〔H〕

G：給電線1〔m〕当たりのコンダクタンス〔S〕

■ 電離層で反射される最高使用可能周波数（MUF）f_m〔MHz〕（セカント法則）

$$f_m=f_c\sec\theta$$

f_c：電離層の臨界周波数〔MHz〕

θ：電波の電離層への入射角〔度〕

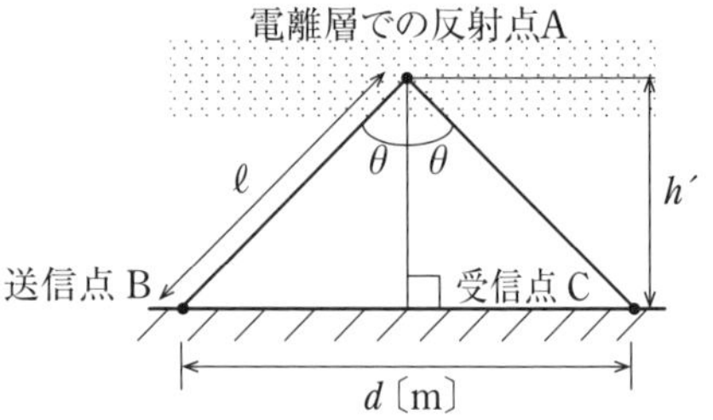

$$f_m=f_c\,\frac{\ell}{h'}$$

$$=f_c\sqrt{1+\left(\frac{d}{2h'}\right)^2}$$

d：送受信地点間の距離〔m〕

h'：電離層の見かけの高さ〔m〕

■ 平面大地上の電界強度 E〔V/m〕

$d \gg h_1$，$d \gg h_2$の条件では，

$$E = E_0 \frac{4\pi h_1 h_2}{\lambda d}$$

$$\fallingdotseq \frac{28\pi\sqrt{G_D P}\, h_1 h_2}{\lambda d^2}$$

E：直接波と反射波の合成電界強度〔V/m〕

E_0：直接波の電界強度〔V/m〕

d：送受信点間の距離〔m〕

h_1，h_2：送信，受信アンテナの地上高〔m〕

G_D：相対利得（真数）

P：放射電力〔W〕

■ VHF帯の周波数の電波の見通し距離 d〔km〕

$d = 4.12\,(\sqrt{h_1} + \sqrt{h_2})$　（等価地球半径のkを4/3とした場合＝大気中）

$d = 3.57\,(\sqrt{h_1} + \sqrt{h_2})$　（等価地球半径のkを1とした場合＝大気のない仮想地球）

h_1，h_2：送信，受信アンテナの地上高〔m〕

測定関連　公式

■ 電圧計の倍率器 R〔Ω〕

$R = (N-1)\,r$

N：測定倍率

r：電圧計の内部抵抗〔Ω〕

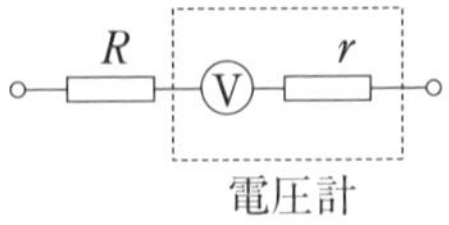

■ 電流計の分流器 R〔Ω〕

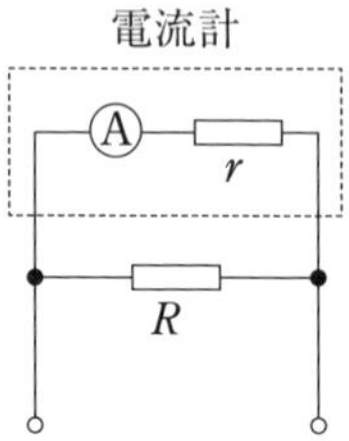

$$R=\frac{r}{N-1}$$

N：測定倍率

r：電流計の内部抵抗〔Ω〕

■ 誤差 ε

$$\varepsilon=M-T$$

M：測定値

T：真値

■ 測定の誤差率 S〔%〕

$$S=\frac{M-T}{T}\times 100$$

M：測定値

T：真値

■ 正弦波交流電圧の実効値 V_e〔V〕

$$V_e=\frac{V_m}{\sqrt{2}}$$

V_m：正弦波交流電圧の最大値〔V〕

数学の公式及び数値関連

■ 接頭語

名称	テラ	ギガ	メガ	キロ	デシ	センチ	ミリ	マイクロ	ナノ	ピコ
記号	T	G	M	k	d	c	m	μ	n	p
倍数	10^{12}	10^{9}	10^{6}	10^{3}	10^{-1}	10^{-2}	10^{-3}	10^{-6}	10^{-9}	10^{-12}

■ 単位の記号と名称

記号	物理量	単位の記号	単位の名称
Q	電荷，電気量	〔C〕	クーロン
E	電界	〔V/m〕	ボルト毎メートル
$V(E)$	電圧，電位	〔V〕	ボルト
C	静電容量	〔F〕	ファラド
ε	誘電率	〔F/m〕	ファラド毎メートル
ε_S	比誘電率	単位はない	
m	磁気量	〔Wb〕	ウエーバ
H	磁界	〔A/m〕	アンペア毎メートル
μ	透磁率	〔H/m〕	ヘンリー毎メートル
μ_S	比透磁率	単位はない	
B	磁束密度	〔T〕	テスラ
Φ	磁束	〔Wb〕	ウエーバ
I	電流	〔A〕	アンペア
R	抵抗	〔Ω〕	オーム
ρ	抵抗率	〔Ω·m〕	オームメートル
P	電力	〔W〕	ワット
W	電力量，エネルギー	〔J〕	ジュール
f	周波数	〔Hz〕	ヘルツ
ω	角周波数	〔rad/s〕	ラジアン毎秒
T	周期	〔s〕	秒
L	自己インダクタンス	〔H〕	ヘンリー
M	相互インダクタンス	〔H〕	ヘンリー
X_L	誘導リアクタンス	〔Ω〕	オーム
X_C	容量リアクタンス	〔Ω〕	オーム
Z	インピーダンス	〔Ω〕	オーム

■ 物理定数

物理量	記号	数値
真空中の電波の速度	c	3×10^{8}〔m/s〕
クーロンの法則の比例定数	k	9×10^{9}〔$\mathrm{N\cdot m^2/C^2}$〕
真空中の誘電率	ε_0	8.85×10^{-12}〔F/m〕
真空中の透磁率	μ_0	$4\pi\times10^{-7}$〔H/m〕

■ ギリシャ文字の読み方と用途

ギリシャ文字	読み方	用途
α	アルファ	ベース接地の電流増幅率
β	ベータ	エミッタ接地の電流増幅率，帰還率
γ	ガンマ	リプリ含有率（リプル率）
Γ（大文字）	ガンマ	電圧反射係数
δ	デルタ	電圧変動率
Δ（大文字）	デルタ	微小変化を表す記号
ε	イプシロン	誘電率，誤差
η	イータ	効率
θ	シータ	位相角，位相差，角度
λ	ラムダ	波長
μ	ミュー	透磁率，FETの増幅率
π	パイ	円周率
ρ	ロー	抵抗率
Φ（大文字）	ファイ	磁束
ω	オメガ	角周波数

Γ，Δ，Φ以外の文字は小文字．

■ 憶えるべき数値

$\pi \fallingdotseq 3.14$　　$\pi^2 \fallingdotseq 10$　　$\sqrt{2} \fallingdotseq 1.41$　　$\sqrt{3} \fallingdotseq 1.73$

$\log_{10} 2 \fallingdotseq 0.3$　　$\log_{10} 3 \fallingdotseq 0.48$　　$\log_{10} 10 = 1$

■ 計算法則

(1) 交換法則：$a+b=b+a,\ ab=ba$

〔例〕$5+6=6+5,\ 5\times6=6\times5$

(2) 結合法則：$(a+b)+c=a+(b+c),\ (ab)c=a(bc)$

〔例〕$(2+3)+4=2+(3+4),\ (2\times3)\times4=2\times(3\times4)$

(3) 分配法則：$a(b+c)=ab+ac,\ (b+c)a=ba+ca$

〔例〕$4(1+3)=4\times1+4\times3,\ (4+2)\times3=4\times3+2\times3$

■ 分数の計算

(1) 足し算：$\dfrac{a}{c}+\dfrac{b}{c}=\dfrac{a+b}{c}$　〔例〕$\dfrac{1}{4}+\dfrac{2}{4}=\dfrac{1+2}{4}=\dfrac{3}{4}$

$\dfrac{a}{b}+\dfrac{c}{d}=\dfrac{ad+cb}{bd}$　〔例〕$\dfrac{1}{3}+\dfrac{1}{6}=\dfrac{2+1}{6}=\dfrac{3}{6}=\dfrac{1}{2}$

(2) 引き算：$\dfrac{a}{c}-\dfrac{b}{c}=\dfrac{a-b}{c}$　〔例〕$\dfrac{2}{3}-\dfrac{1}{3}=\dfrac{2-1}{3}=\dfrac{1}{3}$

$\dfrac{a}{b}-\dfrac{c}{d}=\dfrac{ad-cb}{bd}$　〔例〕$\dfrac{1}{3}-\dfrac{1}{6}=\dfrac{2-1}{6}=\dfrac{1}{6}$

(3) 掛け算：$\dfrac{a}{b}\times\dfrac{c}{d}=\dfrac{ac}{bd}$　〔例〕$\dfrac{1}{2}\times\dfrac{2}{3}=\dfrac{2}{6}=\dfrac{1}{3}$

(4) 割り算：$\dfrac{a}{b}\div\dfrac{c}{d}=\dfrac{a}{b}\times\dfrac{d}{c}=\dfrac{ad}{bc}$　〔例〕$\dfrac{1}{2}\div\dfrac{2}{3}=\dfrac{1}{2}\times\dfrac{3}{2}=\dfrac{3}{4}$

(5) 比例計算：$\dfrac{a}{b}=\dfrac{c}{d}$ ならば，$ad=bc$

〔例〕$\dfrac{3}{5}=\dfrac{6}{x}$ ならば，$3\times x=5\times6$，$\therefore\ x=\dfrac{30}{3}=10$

■ 乗法公式

(1) $(a+b)^2=a^2+2ab+b^2$

(2) $(a-b)^2=a^2-2ab+b^2$

(3) $(a+b)(a-b)=a^2-b^2$

■ 三角関数

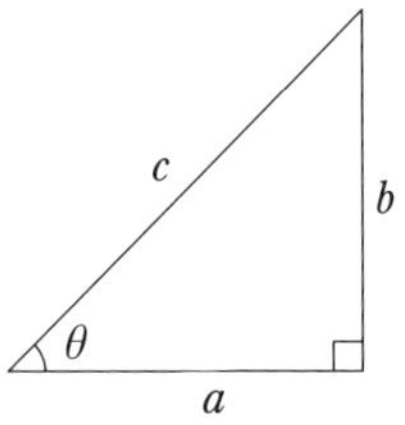

$$\sin\theta=\frac{b}{c}$$

$$\cos\theta=\frac{a}{c}$$

$$\tan\theta=\frac{b}{a}$$

$$\sec\theta=\frac{1}{\cos\theta}=\frac{c}{a}$$

$a^2+b^2=c^2$（ピタゴラスの定理）

■ 平方根の計算

2乗すると a になる数 x，すなわち $x^2=a$ を満たす x を a の平方根（又は2乗根）という．

$a>0$，$b>0$，$k>0$ のとき，次式が成立する．

$(\sqrt{a})^2=a$，$\sqrt{a^2}=a$，$\sqrt{a}\sqrt{b}=\sqrt{ab}$，$\dfrac{\sqrt{a}}{\sqrt{b}}=\sqrt{\dfrac{a}{b}}$，$\sqrt{k^2a}=k\sqrt{a}$，

$$\frac{1}{\sqrt{a}}=\frac{\sqrt{a}}{\sqrt{a}\sqrt{a}}=\frac{\sqrt{a}}{a}$$

〔例〕

(1) 25の平方根は $+5$ と -5

(2) $\sqrt{225}=\sqrt{15^2}=15$

(3)　$-\sqrt{226}=-\sqrt{16^2}=-16$

(4)　$\dfrac{100}{\sqrt{2}}=\dfrac{100\times\sqrt{2}}{\sqrt{2}\times\sqrt{2}}=\dfrac{100\sqrt{2}}{2}=50\sqrt{2}$

■　指数の計算

(1)　$a^m a^n=a^{m+n}$　〔例〕$10^3 10^5=10^{3+5}=10^8$

(2)　$(a^m)^n=a^{mn}$　〔例〕$(2^3)^2=2^6=64$,　$9^{1.5}=(3^2)^{1.5}=3^3=27$

(3)　$(ab)^n=a^n b^n$　〔例〕$(2\times4)^2=2^2\times4^2=4\times16=64$

(4)　$a^{-n}=\dfrac{1}{a^n}$　〔例〕$10^{-3}=\dfrac{1}{10^3}$

(5)　$a^0=1$　〔例〕$3^0+2^{-2}=1+\dfrac{1}{2^2}=1+\dfrac{1}{4}=\dfrac{5}{4}$

■　対数の計算

$a>0$, $a\neq1$のとき, $y=\log_a x$を対数関数という．aを底, x (>0) を真数という．

$a=10$の対数を常用対数という．

(1)　$y=\log_a x \quad \Leftrightarrow \quad x=a^y$

(2)　$\log_{10} x^n=n\log_{10} x$

(3)　$\log_{10} xy=\log_{10} x+\log_{10} y$

(4)　$\log_{10}\dfrac{x}{y}=\log_{10} x-\log_{10} y$

〔例〕

(1)　$\log_{10}1=0$　(2)　$\log_{10}10=1$　(3)　$\log_{10}100=\log_{10}10^2=2\log_{10}10=2$

(4)　$\log_{10}6=\log_{10}(2\times3)=\log_{10}2+\log_{10}3=0.3+0.48=0.78$

(5)　$\log_{10}5=\log_{10}\dfrac{10}{2}=\log_{10}10-\log_{10}2=1-0.3=0.7$

(6) $\log_{10}2=0.3$を覚えていれば，$10^{0.3}=2$となり，次のような計算ができる．

(a) $10^{0.6}=10^{(0.3+0.3)}=10^{0.3}\times10^{0.3}=2\times2=4$

(又は，$10^{0.6}=(10^{0.3})^2=2^2=4$)

(b) $10^{0.9}=(10^{0.3})^3=2^3=8$

(c) $10^{1.7}=10^{(2-0.3)}=10^2\times10^{-0.3}=\dfrac{10^2}{10^{0.3}}=\dfrac{100}{2}=50$

(d) $10^{2.6}=10^{(2+0.3+0.3)}=10^2\times10^{0.3}\times10^{0.3}=100\times2\times2=400$

■ 複素数

2乗して-1になる数として，虚数単位jが定義されており，$j^2=-1$である．虚数について次式が成立する．

$1\times j=j$，$j\times j=j^2=-1$，$j^3=j^2\times j=-j$，$j^4=j^2\times j^2=1$

横軸を実軸，縦軸を虚軸にとると，jは90°ずつ角度を反時計方向に進めるものであることがわかる．

a，bを実数としたとき，$\dot{c}=a+jb$を複素数という．aを実部，bを虚部という．$\dot{c}=a+jb$は複素平面上の１点として表され，原点Oと点$\dot{c}$を結ぶベクトルを複素ベクトルという．

このベクトルの大きさ$r=|\dot{c}|$を絶対値といい，実軸との角度θを偏角という．偏角は反時計回りの角度を正，時計回りの角度を負で表し，$r=|\dot{c}|=\sqrt{a^2+b^2}$となる．

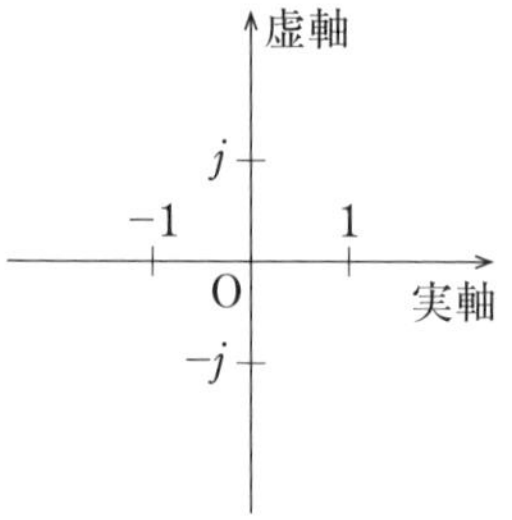

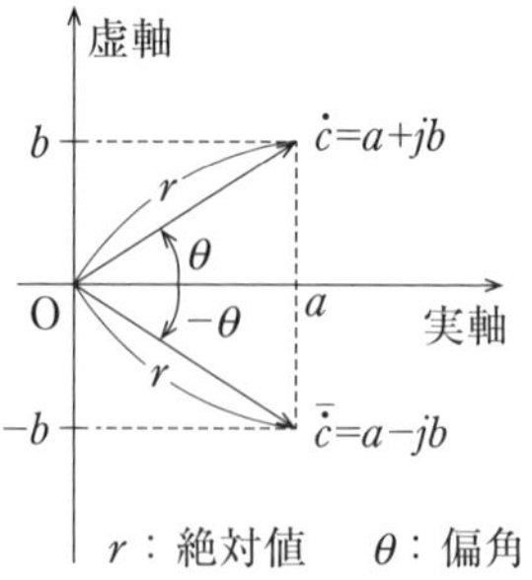

〔例〕

(1) $(1+j2)-(3-j4)=(1-3)+j(2+4)=-2+j6$

(2) $(1+j2)(3-j4)=3-j4+j6+8=11+j2$

(3) $$\frac{10}{1+j1}=\frac{10(1-j1)}{(1+j1)(1-j1)}=\frac{10(1-j1)}{2}=5(1-j1)$$

(4) $$\frac{3}{j1}=\frac{3}{j1}\times\frac{j}{j}=-j3$$

■ dB

電力増幅度をA_p（真数）とすると，dB表示は，$10\log_{10}A_p$〔dB〕

電圧増幅度をA_v（真数）とすると，dB表示は，$20\log_{10}A_v$〔dB〕

比	1/2	1	2	3	4	5	10	20	100
電力〔dB〕	−3	0	3	4.8	6	7	10	13	20
電圧〔dB〕	−6	0	6	9.6	12	14	20	26	40

比：$\dfrac{\text{出力電力}}{\text{入力電力}}$，又は，$\dfrac{\text{出力電圧}}{\text{入力電圧}}$を表す．

電力〔dB〕：$\dfrac{\text{出力電力}}{\text{入力電力}}$を〔dB〕表示した値を表す．

電圧〔dB〕：$\dfrac{\text{出力電圧}}{\text{入力電圧}}$を〔dB〕表示した値を表す．

【著者紹介】

吉村和昭（よしむら・かずあき）　博士(工学)

学　歴　東京商船大学大学院博士後期課程修了
職　歴　東京工業高等専門学校
　　　　桐蔭学園工業高等専門学校
　　　　桐蔭横浜大学工学部電子情報工学科
　　　　芝浦工業大学工学部電子工学科・機械工学科(非常勤)
　　　　国士舘大学理工学部電子情報学系(非常勤)
　　　　総務省認定　無線従事者養成課程講習会講師
　　　　(株)QCQ 企画主催「一アマ」国家試験　直前対策講習会講師

第一級アマチュア無線技士
第一級総合無線通信士
第一級陸上無線技術士

第一級アマチュア無線技士国家試験
計算問題突破塾 第2集

2020 年 6 月 20 日　第 1 版 1 刷発行　　ISBN 978-4-501-33400-0 C3055
2023 年 4 月 20 日　第 1 版 2 刷発行

著　者　吉村和昭
© Yoshimura Kazuaki 2020

発行所　学校法人 東京電機大学　〒120-8551　東京都足立区千住旭町 5 番
東京電機大学出版局　Tel. 03-5284-5386(営業)　03-5284-5385(編集)
Fax. 03-5284-5387　振替口座 00160-5-71715
https://www.tdupress.jp/

JCOPY ＜(社)出版者著作権管理機構 委託出版物＞
本書の全部または一部を無断で複写複製(コピーおよび電子化を含む)することは，著作権法上での例外を除いて禁じられています。本書からの複製を希望される場合は，そのつど事前に，(社)出版者著作権管理機構の許諾を得てください。
また，本書を代行業者等の第三者に依頼してスキャンやデジタル化をすることはたとえ個人や家庭内での利用であっても，いっさい認められておりません。
［連絡先］Tel. 03-5244-5088，Fax. 03-5244-5089，E-mail : info@jcopy.or.jp

編集：(株)QCQ 企画　　組版：徳保企画
キャラクターデザイン：いちはらまなみ
印刷・製本：三美印刷(株)　　装丁：齋藤由美子
落丁・乱丁本はお取り替えいたします。　Printed in Japan

アマチュア無線技士

合格精選450題
第一級アマチュア無線技士 試験問題集

吉川忠久著　　A5判　320頁

既出問題を解けるように学習するのが，効率よく合格するための近道。最近出題された問題を網羅し，学習項目別に整理して掲載。

合格精選400題
第二級アマチュア無線技士 試験問題集

吉川忠久著　　A5判　250頁

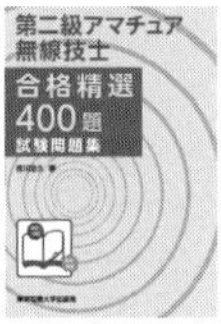

表ページに問題，裏ページにはその解答と解説を掲載。解答がすぐに確認できるので，効果的な試験対策が可能。出題傾向を分析して，重要問題を精選。

合格精選330題
第三級アマチュア無線技士 試験問題集

吉川忠久著　　A5判　184頁

重要な過去問題を余すところなく収録。問題や解説の随所にヒントや関連知識を掲載し，知識の習得に役立つように配慮。

合格精選400題
第四級アマチュア無線技士 試験問題集

吉川忠久著　　A5判　208頁

過去に出題された問題を項目別にまとめ，表ページに解答，裏ページに解答と解説を掲載。短期間で試験に合格する実力をつけることができる。

第１級ハム　集中ゼミ

吉川忠久著　　A5判　416頁

一アマの出題傾向分析に基づいた構成。出題のポイントを絞り込み，項目ごとにわかりやすく解説。頻出問題を中心にして，練習問題を豊富に収録。

第２級ハム　集中ゼミ

吉川忠久著　　A5判　400頁

二アマの出題傾向分析に基づいた構成。出題のポイントを絞り込み，項目ごとにわかりやすく解説。頻出問題を中心にして，練習問題を豊富に収録。

第３級ハム　集中ゼミ

吉川忠久著　　A5判　264頁

三アマの出題傾向分析に基づいた構成。出題のポイントを絞り込み，項目ごとにわかりやすく解説。頻出問題を中心にして，練習問題を豊富に収録。

第４級ハム　集中ゼミ

吉川忠久著　　A5判　256頁

四アマの出題傾向分析に基づいた構成。出題のポイントを絞り込み，項目ごとにわかりやすく解説。頻出問題を中心にして，練習問題を豊富に収録。

＊定価，図書目録のお問い合わせ・ご要望は出版局までお願いいたします。
https://www.tdupress.jp/　　DJ-022